U0177012

视觉之旅

神秘的星际空间

彩色典藏版｜修订版

［荷］霍弗特·席林（Govert Schilling）/ 著

谢懿 / 译

人民邮电出版社

北京

图书在版编目（CIP）数据

视觉之旅. 神秘的星际空间 ：彩色典藏版 /（荷）
霍弗特·席林（Govert Schilling）著 ；谢懿译. -- 2
版（修订本）. -- 北京 ：人民邮电出版社，2022.3（2024.5重印）
ISBN 978-7-115-57790-0

Ⅰ. ①视… Ⅱ. ①霍… ②谢… Ⅲ. ①宇宙－普及读
物- Ⅳ. ①N49

中国版本图书馆CIP数据核字(2021)第241377号

版权声明

Copyright © 2014 Govert Schilling and Black Dog & Leventhal Publishers, Inc.
Cover and interior concept and design by Matthew Riley Cokeley
Cover and interior design and layout by Sheila Hart Design
Cover photograph courtesy ESA / Hubble / NASA
Star Atlas created by Wil Tirion
This edition published by arrangement with Black Dog & Levhenthal, an imprint of Perseus Books, LLC, a subsidiary of Hachette
Book Group, Inc., New York, New York, USA.
All rights reserved.

◆ 著　　　[荷]霍弗特·席林（Govert Schilling）
　　译　　　谢　懿
　　责任编辑　李　宁
　　责任印制　陈　犇
◆ 人民邮电出版社出版发行　　北京市丰台区成寿寺路 11 号
　　邮编　100164　电子邮件　315@ptpress.com.cn
　　网址　https://www.ptpress.com.cn
　　北京九天鸿程印刷有限责任公司印刷
◆ 开本：889×1194　1/20
　　印张：11.2　　　　　　2022 年 3 月第 2 版
　　字数：308 千字　　　　2024 年 5 月北京第 3 次印刷
　　著作权合同登记号　图字：01-2014-4930 号

定价：89.90 元
读者服务热线：(010)81055410　印装质量热线：(010)81055316
反盗版热线：(010)81055315
广告经营许可证：京东市监广登字 20170147 号

内容提要

在这趟前往星云、星系、黑洞和可观测宇宙边缘的冒险之旅中，霍弗特·席林探访了远在太阳系之外深空的秘密。

让我们和霍弗特·席林一起，开启一场点燃想象力的宇宙之旅。此行从我们的太阳系开始，先对太阳、行星及其卫星、小行星、彗星和矮行星走马观花一番。然后，加速进入深空，由我们的星际近邻，通过我们自己的银河系，前往宇宙的深处。

在席林的指引下，我们将探索：恒星的诞生和恒星的"育婴室"，例如猎户和船底星云；恒星的死亡，从红巨星到灾难性的超新星爆炸；其他的星系和星系团，包括旋涡星系、椭圆星系和透镜状星系。我们将会了解到超大质量黑洞（天文学家现在认为它们存在于包括我们银河系在内的每个星系的中心）和太阳系外行星（据信在银河系的恒星周围会有几十亿颗）。在本书的最后，我们会到达宇宙视界的边缘，一览暗物质、暗能量以及地外生命和多重宇宙。

本书包含了数百张照片和定制的插图以及涵盖全天的星图集，对于天文爱好者、学生以及任何着迷于宇宙的神秘和美丽的人来说，这都是一本值得珍藏的作品。

目　录

引 言

美国国家航空航天局的"旅行者"2 号探测器离开地球的距离已接近 160 亿千米。发射于 1977 年的这个探测器分别在 1979 年和 1981 年飞掠了木星和土星,之后又在 1986年和 1989 年分别造访了天王星和海王星。现在它正在朝太阳系的边缘进发,向外进入星际空间。不过,即便以超过 55 000 千米的时速,它要运行到离另一颗恒星近而离太阳远的地方,仍将需要花上数万年的时间。

宇宙空间之大,超乎想象。有着种类繁多行星、卫星、小行星和彗星的太阳系只不过是茫茫宇宙大海中的一个小水滴。它就像我们屋后的小院,从中可以眺望到宇宙的街道、城市、国家乃至整个世界。

2011 年,Black Dog & Leventhal 出版社推出了马库斯·乔恩的《图解太阳系:探访我们的宇宙家园和邻居》一书。它带领读者进行了一次震撼的探索之旅,探访地球的兄弟姐妹和它们如影随形的卫星。而本书在简要浏览我们的行星系统之后,将带你前往更为遥远的地方,进入恒星和星云、脉冲星和星团、超新星爆炸和黑洞以及星系和星系团的疆域,直至空间的边缘和时间的开端。本书最后由威尔·蒂里奥绘制的星图集将帮助你找到畅游夜空的道路。

在从此时此地前往宇宙深处的过程中,我们会遇到其许多著名的成员,例如恒星参宿四、猎户星云、昴星团和仙女星系。但这并非宇宙"社交网络"的全部。天文学家现在已经知晓所有这些天体之间是如何联系的。它们一起讲述了宇宙演化的精彩故事,从宇宙大爆炸中最初的密度涨落,到星系的形成,再到恒星、宜居行星的诞生,最后是生命的诞生。

随着一些另类天体被发现,例如蓝离散星、强磁星和类星体,再加上神秘成分的浮现,例如暗物质和暗能量,宇宙已变得越来越复杂。本书的大部分内容在 25 年前是写不出来的,因为我们当时的认知有限。

此外,即便写得出来,你也肯定会错过由空间和地面的大型望远镜所拍摄的华丽照片。我们有幸与哈勃空间望远镜和欧洲南方天文台在智利建造的甚大望远镜生活在同一个时代,这些敏锐的光学仪器获得的大量图像触发了我们如伦勃朗和凡·高般的丰富想象力。

我有幸在马库斯·乔恩先前那本关于太阳系的著作基础上写作本书。在写作文字和选择插图的过程中,我再一次体会到我们自己身处的宇宙有多么神奇。那么,就请你和我一起前往深空旅行,去欣赏美景,了解这个世界的广袤和奇妙吧!

▲ 外形酷似枝丫上含苞待放的一朵玫瑰——一朵真正
的深空花朵——这两个距离地球 3 亿光年的星系在相
互引力的作用下形状发生了扭曲。几亿年前，较小的
那个星系可能从较大的那个星系中径直穿越而过。

视觉之旅：神秘的星际空间

彩色典藏版/修订版

太阳系

这里的一切都关乎于太阳——无论是字面上的，还是象征意义上的。太阳的质量占据了太阳系总质量的 99%，它几乎完全由氢和氦构成，它们是大自然中最轻的两种元素。剩下的 1%——行星、卫星、小行星、冰质矮行星和彗星——不过是太阳诞生时的残留物。我们的地球就像是火山上沙砾堆中的一粒沙子。

太阳系是我们的宇宙后院，太阳是我们的母亲，行星是我们的兄弟姐妹。这是一个组织严密的家庭，在靠近太阳的地方有 4 颗较小的岩质行星，在更远的地方则有 4 颗气态巨行星。所有行星都沿着同一方向且几乎在同一个平面内围绕太阳公转。当在银河系中发现了其他行星系统之后，我们才意识到自己所处的生活环境之宁静、纯粹且具有规则绝非理所当然。

在太阳系中，有一颗行星鹤立鸡群。它就是地球。地球有着液态水海洋，富氧的大气层，以及丰富多样的生命形式，从微观单细胞生物到巨杉和蓝鲸。我们的存在与宇宙休戚相关。我们身体的细胞由宇宙物质构成，生命的基本单元则由彗星和陨石带到地球上。与此同时，我们还不断地受到来自宇宙的灾难威胁，它们可以轻易地摧毁我们所在的这颗"蓝色星球"上的一切生命。

◀在银河系中的一个偏僻角落，我们的太阳系是包括地球在内的各种各样行星的家园。

小档案

名称：太阳
直径：1 392 000 千米
自转周期：25.4 天
质量：328 946 × 地球
［这里表示（地球）质量，全书下同——编辑注］
表面重力：27.9 × 地球
［这里表示（地球）重力，全书下同——编辑注］
年龄：46 亿年
距离：1.496 亿千米

太阳谜题

宇宙中大约有一百万亿亿颗恒星，其中位于银河系内的还不到总数的一百亿分之一，但仍达到了数千亿颗。在银河系中的这些恒星中有一颗便是我们的太阳，它是地球上所有生命的能量来源。它不过是扎在宇宙无垠黑暗中的一个"针眼"，但却给予了我们不可缺少的光和热。

类似太阳的恒星在其构成上惊人地简单。它们都由约 75% 的氢和 24% 的氦组成，更重的原子只占据了太阳的 1%。所有这些气体在其自身引力的作用下，都被挤压进了一个球体内。随着逐步深入这个球体的内部，温度和压强逐渐增大，其中核心处的条件极端到核反应可以自发地进行。能量以光和热的形式，从太阳炽热的表面向外辐射。事情就这么简单。

然而，太阳也给我们出了许多难题。没有人知道太阳的稀薄大气——日冕——到底是如何被加热到超过 100 万摄氏度的。扭曲的磁场会产生温度较低的黑子和强大的太阳耀斑，后者会把高能带电粒子吹入太空，但为什么太阳 11 年的活动周期有时会跳过几个节拍，太阳又是如何影响地球气候的，仍然还不清楚。不过，我们知道的是，一个非常强大的太阳耀斑可以烧坏电网，导致通信网络瘫痪，彻底摧毁我们脆弱的技术文明。

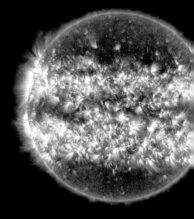

▲ 如这一由 25 幅极紫外图像合成的影像所示，从 2012 年 4 月到 2013 年 4 月间，太阳活动区率先出现在了其赤道南北两侧。

▶ 在这幅于 2010 年 3 月 30 日所获得的多波段太阳图像中，不同的颜色代表了不同的气体温度：红色的区域温度较低，蓝色和绿色的区域则温度较高。

▼ 从太阳表面一个活动区喷射出了一道巨大的缀带状高温气体。

视觉之旅：神秘的星际空间 彩色典藏版／修订版

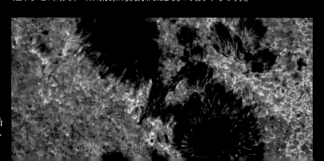

▶ 坐落于西班牙加那利群岛拉帕尔马的瑞典太阳望远镜捕捉到了太阳黑子外围半影区域的细节。

小档案

名称：水星		名称：金星
距离太阳：5 790 万千米		距离太阳：1.082 亿千米
公转周期：88 天		公转周期：225 天
直径：4 880 千米		直径：12 103 千米
自转周期：		自转周期：
58 天 15 小时 31 分		243 天 00 小时 27 分
质量：0.055×地球		质量：0.815×地球
表面重力：0.37×地球		表面重力：0.91×地球
卫星数目：0		卫星数目：0

名称：地球		名称：火星
距离太阳：1.496 亿千米		距离太阳：2.28 亿千米
公转周期：1 年		公转周期：1.88 年
直径：12 756 千米		直径：6 794 千米
自转周期：		自转周期：
23 小时 56 分 04 秒		24 小时 37 分 23 秒
质量：$6×10^{24}$ 千克		质量：0.11×地球
表面重力：$1g$		表面重力：0.38×地球
卫星数目：1		卫星数目：2

铁与岩石的星球

我们太阳系的 4 颗内行星——水星、金星、地球和火星——也被称为类地行星。从外表来看，它们全然不同，但内在其实十分相似，都有着一个由铁和镍构成的金属核心以及一层由岩石构成的地幔。它们都是由重元素组成的，这也解释了它们为什么如此之小。诞出太阳和行星的星际气体和尘埃云仅包含少量的重元素。在太阳系的内部区域中，新生太阳发出的辐射会把挥发性气体吹入太空，只有较重的物质才能留存下来形成行星。

尽管在地球上陨击坑大都已被侵蚀或者被地质活动抹去了，但在 4 颗内行星上，它们却是动荡的早期宇宙所留下的印迹。在极遥远过去的一次毁灭性碰撞中，水星岩石地幔的很大一部分被破坏，使水星具有一个相对较大的铁质核心。金星的逆向自转、月球的起源以及火星早先浓密大气的消失可能都源于类似的宇宙灾难。虽然水星可能一直处于干旱状态，但相比现在，金星、地球和火星在 40 多亿年前却彼此更为相似。不过，由于失控的温室效应，金星"蒸干"了水分，火星也失去了它的海洋并冷却成了冰冷的岩石沙漠。只有在地球上，生命才能延续。

▼ 浓密的二氧化碳大气遮蔽了金星的表面，其中还有厚厚的硫酸云。

▼ 2005 年 11 月，当美国国家航空航天局的"勇气"号火星车拍摄这幅火星的全景图像时，它正从赫斯本德山向下行驶。

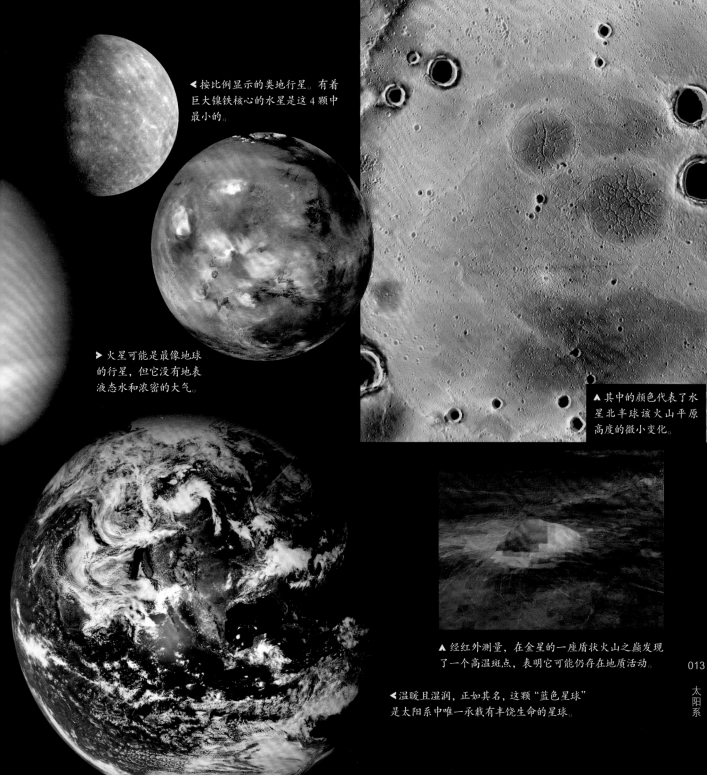

◀ 按比例显示的类地行星。有着巨大镍铁核心的水星是这4颗中最小的。

▶ 火星可能是最像地球的行星，但它没有地表液态水和浓密的大气。

▲ 其中的颜色代表了水星北半球该火山平原高度的微小变化。

▲ 经红外测量，在金星的一座盾状火山之巅发现了一个高温斑点，表明它可能仍存在地质活动。

◀ 温暖且湿润，正如其名，这颗"蓝色星球"是太阳系中唯一承载有丰饶生命的星球。

小档案

名称：木星	名称：土星	名称：天王星	名称：海王星
距离太阳： 7.782 亿千米	距离太阳： 14.3 亿千米	距离太阳： 28.6 亿千米	距离太阳： 44.8 亿千米
公转周期：11.86 年	公转周期：29.46 年	公转周期：84.02 年	公转周期：164.77 年
直径：142 200 千米	直径：120 500 千米	直径：51 120 千米	直径：49 530 千米
自转周期： 9 小时 55 分 30 秒	自转周期： 10 小时 39 分 22 秒	自转周期： 17 小时 14 分 24 秒	自转周期： 15 小时 57 分 59 秒
质量：317.8 × 地球	质量：95.2 × 地球	质量：14.5 × 地球	质量：17.1 × 地球
表面重力： 2.37 × 地球	表面重力： 0.93 × 地球	表面重力： 0.89 × 地球	表面重力： 1.12 × 地球
卫星数目：65	卫星数目：62	卫星数目：27	卫星数目：14

冰和气的巨行星

在太阳系寒冷的外部区域，有更多的物质可用于构建行星。挥发性分子，例如水蒸气、甲烷和氨，会在这里凝聚成冰晶，它们不会轻易被来自新生太阳的辐射吹走，由此使这 4 颗巨行星形成了体积和质量都相对较大的核心。它们的引力会吸引大量的氢气和氦气。这一过程的结果是形成了 4 颗没有固体表面却有着风暴肆虐浓厚大气层的气态巨行星。

相比于木星大气层中的大红斑、围绕土星北极的神秘六边形飓风、各式各样的风暴系统以及海王星上难以想象的风速（时速超过 2 000 千米）等自然现象，地球的飓风和龙卷风不过是小巫见大巫。这些巨行星的内部状况也非常怪异：在木星和土星最深处的气体被压缩成了液体，甚至还具有了类似金属的特性；天王星和海王星的幔则由超致密的"暖冰"构成，其成分是水、氨和甲烷。

美国的伽利略探测器和卡西尼探测器对木星和土星进行了长期的近距离研究。但我们对天王星和海王星的了解则要少得多，它们分别直到 1781 年和 1846 年才被发现。在 1986 年和 1989 年，"旅行者" 2 号探测器短暂造访了这两颗冰质巨行星，但对太阳系中最外围这两颗行星的所有其他研究则都是通过地面上或者地球轨道上的望远镜来进行的。

◀巨大的木星有着令人印象深刻的云系和风暴系

➤ 这是 1989 年 8 月"旅行者"2 号探测器飞掠时所拍摄的海王星。海王星是太阳系中距离太阳最遥远的行星。

➤ 木星的大红斑足以同时容下两个地球,它是一个已肆虐了几个世纪的巨大反气旋风暴。

◀ 对于在 1986 年 1 月飞过天王星的"旅行者"2 号探测器来说,天王星不过是一颗平淡的气态星球。

▲ 在近红外波段下可以看见位于土星北极的旋涡飓风,其直径有 2 000 千米。

◀ 如美国国家航空航天局的卡西尼探测器所拍摄的这幅惊人照片所示,在土星的昼夜平分点,阳光会正好从侧面照射土星和它的光环。

▶ 土卫二是土星的一颗小型冰质卫星。它的直径只有约 500 千米，但在其表面之下拥有一个可能承载着微生物的海洋。

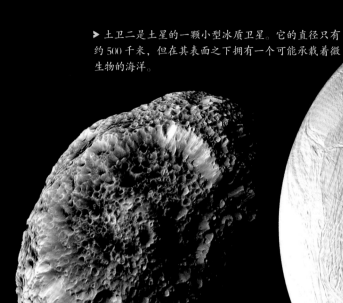

▲ 土星的卫星土卫七直径仅几百千米，呈不规则形状，含有多孔的水冰物质。

▼ 如该伪彩色图所示，木星的卫星木卫二冰质的表面上布满裂缝和山脊，这表明其拥有一个由液态水构成的地下海洋。

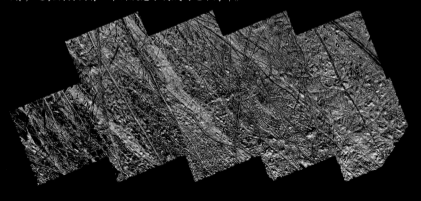

视觉之旅：神秘的星际空间

彩色典藏版／修订版

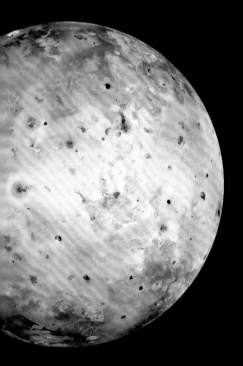

▲ 月球上布满了宇宙撞击的伤疤，这些撞击中的大部分都发生在几亿年前。

行星的随从

1610 年，伽利略发现并非只有地球拥有环绕它的卫星，其他行星也有卫星。伽利略发现了 4 颗围绕木星的卫星。得益于越来越强大的望远镜和越来越灵敏的照相机，我们发现的行星天然卫星的数量在不断增加，"旅行者"探测器还发现了许多小型的卫星。截至 2013 年 11 月，我们发现的天然卫星的总数为 180 颗，其中有 19 颗的直径大于 500 千米。

水星和金星没有天然卫星。我们的月亮可能形成于一次灾难性碰撞的碎片，而环绕火星的两颗小卫星则几乎可以肯定是火星所俘获的小行星。许多环绕巨行星的小型卫星常常有着极其不规则的轨道，它们很有可能是被捕获的天体，就像巨大的海王星卫星海卫一。但是，木星、土星和天王星的大型卫星有着规则的轨道，它们是与其宿主行星在同一时间形成的，它们就好像一个迷你的太阳系。

从木星的卫星木卫一的活跃硫火山，到土星的卫星土卫二的冰喷泉，再到天王星的卫星天卫五陡峭的冰崖，太阳系中的天然卫星呈现出了惊人的地质多样性。不过，迄今最有趣的还是土星的卫星土卫六，它是唯一拥有浓密大气的天然卫星，而且还存在液态甲烷湖泊。许多小行星和冰质矮行星也拥有大小不等的卫星，这无疑为它们的形成提供了线索，但具体的内容我们还不清楚。

◀ 在美国国家航空航天局喷气推进实验室"旅行者"探测器的一个项目中，科学家为木星的卫星木卫一起了一个绰号，叫"比萨卫星"。在太阳系中，没有其他的天体具有如此活跃的火山活动。

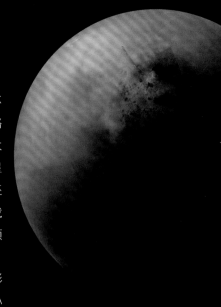

▲ 红外观测和雷达测量揭示出土星巨大卫星土卫六的冰冷表面有液态甲烷湖泊。

▼ 火星两颗小型卫星中较大的是火卫一，它呈马铃薯形状，上面遍布着陨星撞击的痕迹。

巨行星周围的光环

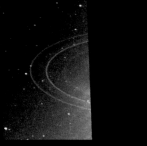

▶ 使用位于美国夏威夷莫纳克亚的直径 10 米的凯克望远镜，通过红外观测揭示出了天王星黑色的薄环。

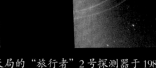

▲ 美国国家航空航天局的"旅行者"2 号探测器于 1989 年 8 月所拍摄的海王星光环弧。

巨行星不仅有大量卫星的陪伴，它们中的每一颗还都拥有由尘埃、碎石和冰块所组成的光环系统。不过，从地球上仅用小型望远镜就能看到的只有土星光环。1610 年，伽利略在意大利首次观测到了土星光环，但第一个认识到其真正本质的是 17 世纪中叶的荷兰天文学家克里斯蒂安·惠更斯。

木星稀薄光环中的尘埃粒子是由微陨星撞击其 4 颗内层的卫星所产生的。天王星和海王星暗尘埃环以及不完整光环弧的起源和寿命至今仍是个谜。土星宽大而明亮的光环由大小不等的岩石和冰块构成，它们可能是一颗被瓦解的小型卫星所留下的遗骸。

从 2004 年起，卡西尼探测器就一直在仔细地研究土星光环。它不仅获得了其华美的照片，还为人们对于土星卫星与光环粒子间的相互作用以及密度波的起源和它对粒子聚集成大型结构的激发作用的认识提供了重要信息。土星光环系统还是研究其他盘状结构的独特实验室，这些结构包括旋涡星系以及年轻恒星周围的原行星盘。

在大约 1 000 万年后，火星也将被一个岩石环所围绕。火星的卫星火卫一正在螺旋式地慢慢落向火星，在遥远的未来，它将被潮汐力撕碎。

▼ 土星令人印象深刻的光环系统看上去就像一张老式唱片，但相比于其直径，它其实相当薄：光环直径为 275 000 千米，但厚度只有 20 米。

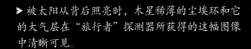

▶ 被太阳从背后照亮时，木星稀薄的尘埃环和它的大气层在"旅行者"探测器所获得的这幅图像中清晰可见。

▼ 当美国国家航空航天局的卡西尼探测器飞过土星的阴影时，它拍摄了这幅土星黑夜半球和背光光环系统的图像。地球就位于土星主光环左边缘的上方。

▶ 埋藏其中的小卫星的引力扰动可以把光环粒子抬升出其中央平面，上演令人惊叹的光影秀。

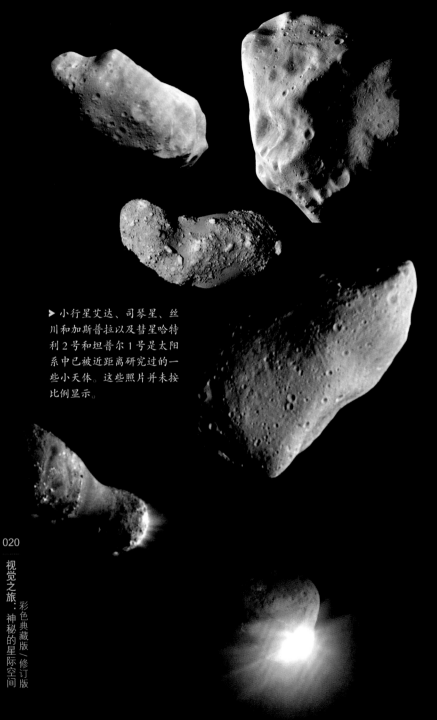

▶ 小行星艾达、司琴星、丝川和加斯普拉以及彗星哈特利 2 号和坦普尔 1 号是太阳系中已被近距离研究过的一些小天体。这些照片并未按比例显示。

视觉之旅：彩色典藏版／修订版 神秘的星际空间

小即是美

在19 世纪的第一天，朱塞佩·皮亚齐在火星和木星轨道之间发现了一颗新的"行星"。这一新发现的天体被称为谷神星。很快智神星、婚神星和灶神星也被发现了。直到半个世纪后，当天文学家发现了更多具有类似轨道的小天体时，他们才意识到这 4 颗"行星"其实并不够格被归类为行星。

2006 年，历史在冥王星身上重演。自 1930 年被发现以来，它一直被认为是第 9 颗行星。直到人们在海王星轨道之外发现了大量其他的冰质天体之后，它才失去了行星的称号。这些冰质天体都有着相似的大小和特性，具有偏心率和倾角都不相上下的轨道。

火星轨道之外小行星带内的岩质天体是类地行星形成的遗迹。海王星轨道之外柯伊伯带内的冰质矮行星则是巨行星形成的遗迹。在引力扰动的作用下，无数冰质团块——彗星——被散射出了太阳系，聚集成了球形的奥尔特云，后者可以延伸到距其最近恒星距离的一半处。

小行星的轨道也会受到扰动，导致它们进入内太阳系区域，与地球发生碰撞。自第一次探访彗核（1986 年，哈雷彗星）和第一次飞掠小行星（1991 年，加斯普拉）至今，探测器已多次造访了小天体，让我们一窥太阳系仍在形成时的样子。

◀ 曙光探测器拍摄了小行星灶神星的表面这一系列的3个陨击坑(绰号"雪人"),其伪彩色代表了表面成分的差异。

▲ 新石器时代的巨石阵缝隙标记出了在春分和秋分以及夏至和冬至时太阳和月亮从地平线上升起的位置。

▼ 埃及金字塔正对东、南、西、北4个方向，其中一些倾斜的通道似乎指向了某些恒星。

◄ 1957年人造地球卫星1号的发射开启了天文学史上一个全新的时代。

► 在意大利天文学家伽利略第一次把望远镜指向天空之后26年，朱斯图斯·叙斯特曼斯为其画了这幅肖像。

视觉之旅：神秘的星际空间

彩色典藏版／修订版

天文学史

天文学和人类自身一样古老。几万年前，我们的祖先就已经在瞭望并赞叹闪耀的夜空、白天和黑夜以及夏季和冬季的规则交替。宇宙（在希腊语中意为"秩序"）是一个不朽且神圣而完美的地方。

几千年前，在位于幼发拉底河和底格里斯河之间的古巴比伦（位于今天的伊拉克境内），人们就开始对太阳、月亮和行星的运动进行系统的记录。古巴比伦人认为，任何能明白神的行为的人，也可以知道在地球上所发生的事情。

今天的天文学家们已不再相信占星术，但正是巴比伦的占星学家率先为日后的天文学奠定了基础。2 500 年前，希腊人接收了他们的大部分知识，并发展出一种世界观，其中宇宙的运动发挥了必不可少的作用。

这一希腊世界观的伟大先驱是克罗狄斯·托勒密，他在《天文学大成》一书中阐述了他的想法。根据托勒密的观点，地球静止位于宇宙的中心，太阳、月亮和行星在复杂的轨道上围绕其运转。

直到 16 世纪中叶，波兰天文学家尼古拉·哥白尼才提出了另一种以太阳为中心的宇宙观。根据哥白尼的观点，地球只不过是绕太阳公转的行星之一。一个世纪后，日心说已被广泛接受，但教会很难接受这一将"罪恶"地球等同于"神圣"行星的理论。

▲ 在波兰天文学家哥白尼于 1543 年出版的书中，他试图说服其他科学家相信地球围绕太阳转（而不是相反）的观点。

▶ 一幅 17 世纪的版画描绘了之后被废弃的以地球为中心的宇宙观。

在哥白尼去世半个世纪后，望远镜在荷兰问世。意大利天文学家伽利略发现了银河中数以百万计的新恒星、月亮上的山脉、太阳上的黑子、木星的卫星和金星的盈亏。约翰内斯·开普勒建立了描述行星运动的数学规律，牛顿用他提出的万有引力定律为太阳系构建了秩序，天文学家们发现了彗星、星云，甚至一些新的行星。

不断完善的观测技术使天文学家测定了恒星的距离。分光镜（可以用来剖析和研究星光）的发明使他们可以更多地了解天体的成分。在 19 世纪物理学和化学中所获得的新知也被证明适用于天文学中。

在不到一个世纪的时间里，我们已知道，宇宙比我们的银河系要大得多，而且正在膨胀，星系之间的距离会随着时间的推移变得越来越大。现在的天文学家已不再试图去发现行星是如何运动的，或者恒星距离我们有多遥远。相反，他们关切的是黑洞、其他行星上的生命、暗物质和宇宙的起源。

几个世纪以来，我们对宇宙的痴迷并没有减少。相反，随着每一项新发现的出世，宇宙正变得越来越令人着迷。

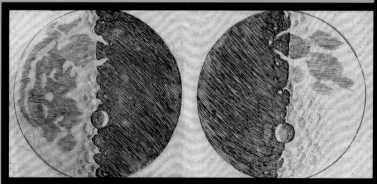

▲ 使用一架简单的自制望远镜，伽利略第一个绘制出了月球上环形山和山脉的细节图。

▶ 在 18 世纪，威廉·赫歇尔通过恒星计数推断出了银河系（不完整）的三维模型。

视觉之旅：神秘的星际空间　彩色典藏版〔修订版〕

▼ 美国国家航空航天局的"好奇"号火星车正在研究火星过去的宜居性，它是21世纪空间科学的一大标志。

恒星的诞生

几百年前，认为恒星也有生老病死是不可想象的，当时恒星在人们眼中是永恒的。今天我们知道，宇宙中没有什么是永恒的。10 亿年前或者 10 亿年后的夜空看起来会和现在的截然不同。我们现在所看到的低温黑色气体和尘埃云有一天会变成闪耀的新恒星。

类太阳恒星的寿命约为 100 亿年。因此，诞生一颗恒星所需的时间远超人类婴儿也就毫不奇怪了。在第一波坍缩开始后，要花数万年的时间新生恒星才会发出"第一声啼哭"。虽然宇宙的"恒星育婴室"看上去似乎一直鲜有变化，但外表往往具有欺骗性：人的一生太过短暂，无法见证它变化的整个过程。

这些"恒星育婴室"是宇宙中最上镜的天体。随着第一批恒星的诞生，它们周围的气体会被照出如彩虹般的各种颜色，形状不规则的尘埃云也会被背景发光的星云衬托出来。这些壮观的场面也给了我们一窥婴儿期太阳的机会：超过 45 亿年前，我们的太阳——可能还和几十个兄弟姐妹一起——以类似的方式诞生于一片气体和尘埃云中。

◀大麦哲伦云中的蜘蛛星云得名于其类似蜘蛛的外形。它是近域宇宙中最宏伟的恒星形成区之一。

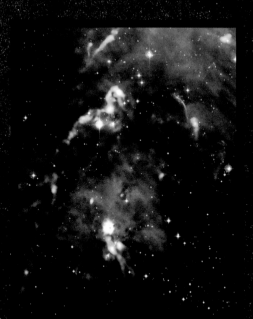

▲ 在亚毫米波段，位于智利的欧洲阿塔卡马探路者实验（APEX）望远镜揭示出了猎户复合体中暗尘埃云所发出的微弱光芒。

寒冷而幽暗的"育婴室"

恒星之间的空间并不是真空的，但它所含的气体和尘埃仍要少于地球上的实验室所能制造出的最好真空。有时候，引力会扫过星际物质使之形成巨大的星云。在这些星云不透光的核心，是漆黑的一片且极其寒冷。在这样的条件下，单个原子可以结合形成简单的分子。因此，这些延展的结构也被称为分子云。

距离地球最近的分子云是猎户复合体，距离约为 1 500 光年。这一巨大的暗星云直径数百光年，在夜空中几乎覆盖整个猎户座。当然，大多数的复合体在普通望远镜下是不可见的，但它的确包含有发光的气体云和新生的恒星，一些暗星云会在亮星云背景之上显现出来。

不过，这些星云中的低温尘埃会发出波长较长的辐射，只有使用亚毫米波望远镜才能看到，例如位于智利北部海拔 5 000 米处的欧洲阿塔卡马探路者实验（APEX）望远镜。当该望远镜的数据（本页照片中的橙色）被叠加到"普通"图像上时，我们可以清楚地看到，亚毫米波辐射来自猎户复合体中最暗的区域。

就像一幅透视我们骨架的 X 射线图像，亚毫米波照片向我们展示了正在猎户复合体最深处所发生的事情。这个巨分子云包含了大量气体和尘埃，足以形成数以千计的恒星。

◀ 如这幅长时间曝光的照片所示，著名的猎户座中充满了黑色的尘埃和隐隐发光的气体。

小档案
名称：蛇夫ρ星云复合体
星座：蛇夫座
天空位置：
赤经 16h 28m 06s
赤纬 −24°32.5'
星图：12
距离：450 光年

▲ 美国国家航空航天局的大视场红外巡天探测器（WISE）发现了该星云致密核心处的新生恒星，它们在这幅伪彩色照片中呈粉色的点状。

我们后院中的恒星形成

在天蝎座亮星心宿二北面一点，有一个包含数十颗新生恒星的不规则形气体和尘埃云复合体。它以蛇夫座中靠近它的那颗恒星命名，被称为蛇夫 ρ 星云复合体，是距离地球最近的恒星形成区之一，距离约为 450 光年。它所包含的物质足以形成几千颗类太阳恒星。这个星云有着梦幻般的色彩，是天文摄影师们的最爱。

在可见光波段拍摄的照片显示了纤细的尘埃云，它们完全吸收了来自更遥远恒星所发出的光。这些细丝结构的高密度可能是由近邻恒星形成区域的激波所造成的。当这些激波在星际空间中传播时，它们会导致空间局部密度的升高，触发新的恒星形成。

美国国家航空航天局的大视场红外巡天探测器（WISE）拍摄了蛇夫 ρ 星云的红外照片。红外照片中的颜色并不对应于可见光照片上的颜色。右下角的红色斑点是恒星天蝎 σ 周围的一个反射星云，在可见光图像上，天蝎 σ 是一颗位于右侧边缘的蓝白色恒星。

在 WISE 的红外眼中，蛇夫 ρ 星云中的大部分灰尘实际上是透明的，因此能看到许多位于图像中央左侧的新生恒星。在这幅红外图像中，这些初期恒星体（YSO）呈粉红色的星点状。在可见光下，它们则完全被其周围的尘埃云所遮蔽。

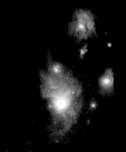

▲ 在光学波段，蛇夫 ρ 恒星形成区是一团高温气体和低温黑色尘埃的混杂组合。

名称： 猎户星云，
　　　　M42，NGC 1976

星座： 猎户座

天空位置：
　　赤经 05h 35m 17s
　　赤纬 –05° 23.5'

星图： 9

距离： 1 350 光年

直径： 25 光年

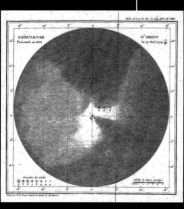

▲ 包括法国的彗星猎手梅西叶在内的 18 世纪的天文学家绘制了精细的星云铅笔画。

猎户星云中的恒星森林大火

19 世纪末，天文学家认为他们发现了一种新的化学元素。猎户星云某些区域所发出的浅绿色光芒无法用当时已知的化学知识来解释。这一新元素被称为"氖"（读"云"）。直到 30 年后，天文学家才发现这一绿光来自被二次电离的氧原子，这需要同时具备极低密度和极高温度的条件；猎户星云某些稀薄区域的温度确实超过 10 000 摄氏度。

猎户星云是迄今最为著名的"恒星育婴室"。它位于猎户座腰带部位 3 颗明亮恒星的下方，用肉眼看去呈朦胧的光斑，不过直到望远镜发明之后的 17 世纪它才被首次记录下来。在 1659 年，惠更斯首次发布了该星云的素描。1771 年，法国天文学家夏尔·梅西叶将其收录进自己的星云状天体表中，编号 42，即 M42。

猎户星云是巨大的猎户复合体的一部分。它直径约 25 光年，距离地球 1 350 光年。在该星云的中心，有 4 颗年轻的高温恒星在向太空辐射出高能紫外线。这些"猎户四边形"恒星清除了紧邻它们的所有物质，会在其周围气体和尘埃云中产生激波并使之密度升高。新的恒星随后就会在这些高密度区中形成。通过这种方式，恒星形成的过程会犹如森林大火一般向四面八方蔓延。

▶ 猎户星云明亮的内部被称为惠更斯区域，以第一个绘制并描述它的荷兰天文学家克里斯蒂安·惠更斯的名字命名。

▲ 根据美国国家航空航天局的斯皮策空间望远镜和欧洲赫歇尔空间天文台的观测，天文学家制作出了这幅猎户星云的伪彩色红外图像。

▲ 猎户四边形位于猎户星云的中心，是一个由 4 颗年轻明亮恒星组成的星团，它们正在向周围散发能量。

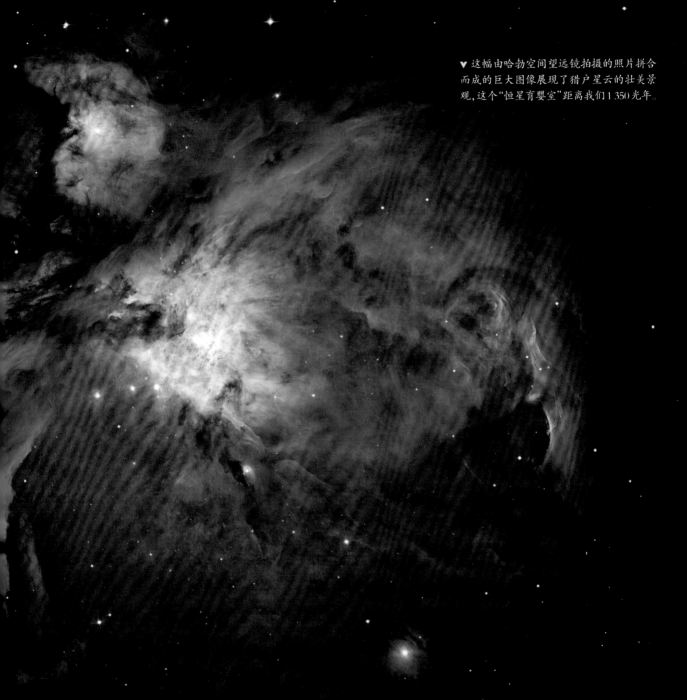

▼ 这幅由哈勃空间望远镜拍摄的照片拼合而成的巨大图像展现了猎户星云的壮美景观，这个"恒星育婴室"距离我们1 350光年。

恒星的诞生

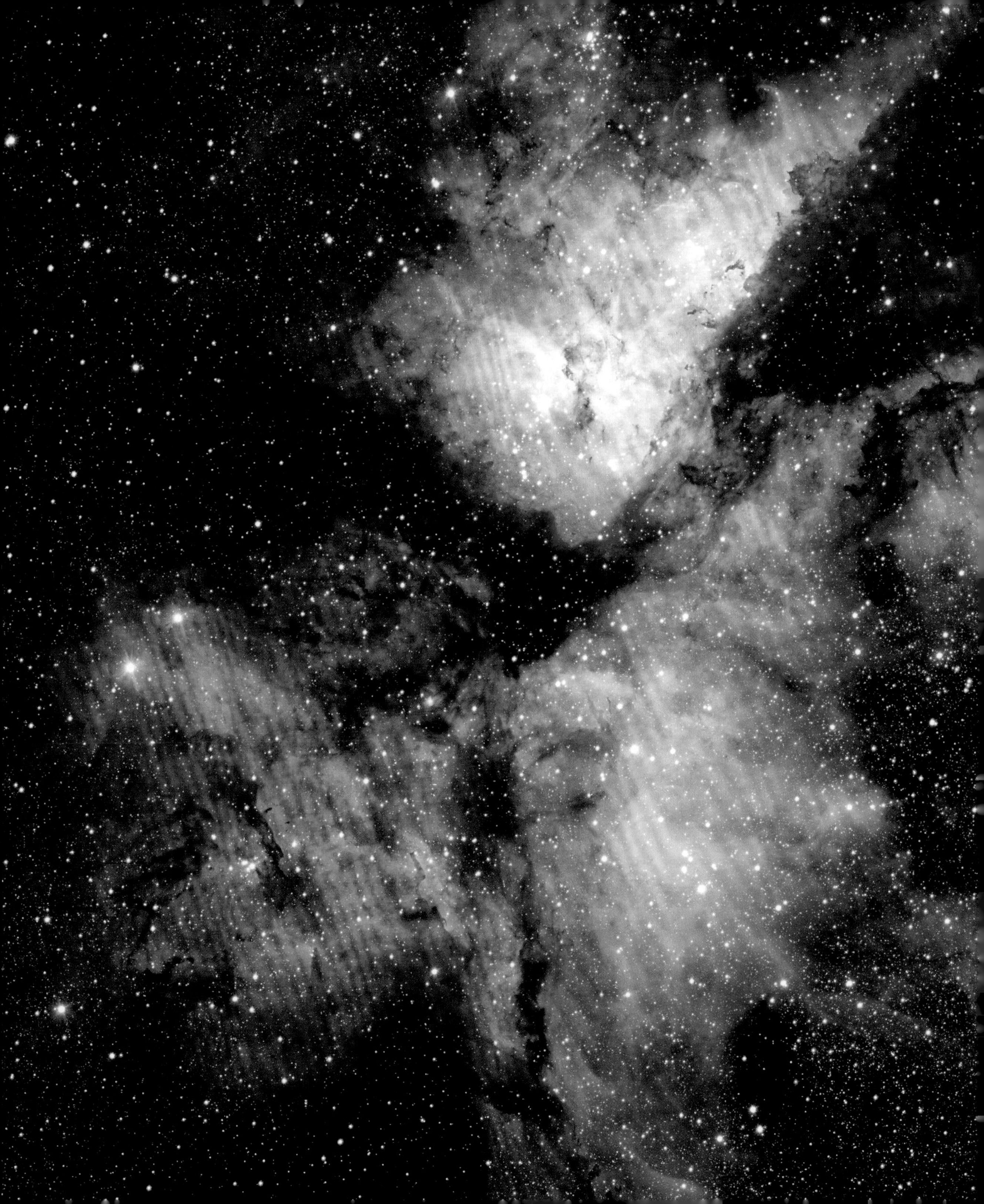

女巫锅中的气体和尘埃

在18世纪中叶，法国天文学家尼古拉·路易·德·拉卡耶前往好望角去详细研究南半球的夜空。1751年，他在船底座中发现了一个巨大且独特的星云。船底星云是一个巨大的恒星形成区——比猎户星云还要大得多，位于银河系的船底 – 人马旋臂上，距离我们至少7 000光年。在这个星云中包含了大量的年轻恒星，其中就有银河系中质量最大的恒星之一船底 η。1841年，船底 η 发生了灾难性的爆发。尽管距离极为遥远，但在很短的时间内它一度成为了天空中次亮的恒星。

位于地球南半球的大型望远镜拍摄了船底星云的详细图像，哈勃空间望远镜也十分细致地研究了这个"宇宙育婴室"。"哈勃"所拍摄的这幅全景图实在让人叹为观止，它犹如女巫的一口大锅，充满了气体丝缕、激波、尘埃云和新生的恒星。该星云的某些部分似乎直接出自童话世界，其中一个发光的凸起被命名为"神秘山"。

在超过几百万年的时间里，船底星云已诞出了数千颗恒星，在这个星云的各个地方遍布着年轻而紧密的星团。在暗尘埃云中仍蕴藏着其他原恒星，它们只有在红外照片中才能被清楚地看到。这些图像还显示了原恒星沿着两个相反方向朝太空射出的高温气体喷流。谁知道呢，也许有一天它会诞出另一颗像船底 η 这样的特超巨星。

小档案

名称：
　船底星云，NGC 3372
星座： 船底座
天空位置：
　赤经 10h 45m 09s
　赤纬 –59°52.1'
星图： 11
距离： 7 000 光年
直径： 600 光年

▼ 好像一幅詹姆斯·波洛克的抽象画，船底星云的这一"哈勃"拼接图像显现出了发光气体环和正在孕育新恒星的小型暗星云。

▼ 位于智利的欧洲甚大望远镜拍摄了这幅船底星云的详细红外图像。

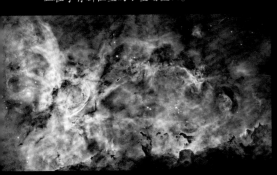

◀ 位于南天的船底座，从中北纬地区看不见明亮的船底星云。这张照片拍摄于地处智利的欧洲南方天文台。

▶1995 年 11 月，"哈勃"所拍摄的鹰状星云中的受侵蚀黑色尘埃"创生柱"照片引起了轰动。

▲ "哈勃"拍摄了鹰状星云中另一根尘照片。在第 35 页底部照片的中心左侧（位置上）也能看到它。

视觉之旅：神秘的星际空间

彩色典藏版（修订版）

鹰巢中的尘埃柱

19^{95 年 11 月，巨蛇座中的鹰状星}云成为了头版新闻。当时刚刚修复的哈勃空间望远镜拍摄了该星云中心部分的精细图像。这幅神秘的黄绿色照片呈现出了在该星云发光背景的强烈映衬下令人叹为观止的尘埃柱。在这些尘埃柱的边缘上，我们可以看到黑色的小凸起，它们是新生恒星的诞生地。最大的尘埃柱很快

小档案

名称： 鹰状星云，
  M16，NGC 6611
星座： 巨蛇座（尾）
天空位置：
  赤经 18h 18m 48s
  赤纬 –13° 49.0'
星图： 13
距离： 7 000 光年
直径： 20 光年

小档案

名称：玫瑰星云，
  赫歇尔 49
星座：麒麟座
天空位置：
  赤经 06h 33m 45s
  赤纬 +04° 59.9
星图：4
距离：5 000 光年
直径：130 光年

▼ 玫瑰星云类似于猎户星云和鹰状星云，也是由其中心的年轻高温星团发出的紫外辐射所激发的。

红外玫瑰

欧洲赫歇尔空间望远镜以英国天文学家威廉·赫歇尔的名字命名，他在 1800 年发现了红外线辐射（"热辐射"）。这架望远镜于 2009 年春季发射升空。多年来，它灵敏的照相机和摄谱仪记录下了来自宇宙的远红外与亚毫米波辐射。由于这些辐射会被大气层中的水蒸气吸收，因此只能在太空中进行观测。

红外望远镜是研究恒星形成的理想工具。诞出新生恒星的暗尘埃云往往很难被普通的望远镜看到，但它们会发出热辐射。由于长波辐射可以穿透尘埃云，因此红外望远镜可以对仍被包裹在气体和尘埃茧中的新生恒星进行成像。

为了制作一幅不可见的红外和亚毫米波辐射图像，天文学家要使用"伪彩色"。在这张麒麟座玫瑰星云——距离地球 5 000 光年的大型恒星形成区——的照片中，蓝色、绿色和红色分别表示了波长为 70 微米、160 微米和 250 微米（相当于 1/4 毫米）的辐射。

在照片右侧（位于图像之外）有一个年轻的星团已在该星云的中心形成。和鹰状星云中的一样，这些恒星的高能辐射在周围的星云中制造出了细长的尘埃柱。位于图像中心的白色斑点是新发现的"婴儿"恒星。其中一些的质量是太阳的 10 倍以上。玫瑰星云所包含的物质可以形成数以万计的恒星。

▶ 欧洲赫歇尔红外空间天文台所观测到的玫瑰星云的一小部分。在红外波段，被尘埃笼罩的原恒星也变得清晰可见。

造星工厂

如果蜘蛛星云到地球的距离与猎户星云到地球的距离相同，那夜晚就永远也不会变得漆黑。不过在现实中，这个巨大的恒星形成区位于 160 000 光年之外的大麦哲伦云中，后者是银河系的卫星系。即使如此遥远，这个星云也可以用肉眼看见。蜘蛛星云的直径大约为 600 光年，它是我们已知最大的"宇宙育婴室"之一。

在这个星云的中央有一座巨大的造星工厂，被称为剑鱼 30。在这个星云中随处可见年龄仅为几百万年的星团。在剑鱼 30 的中心有一个直径 35 光年的星团 R136，它所包含的物质可以形成近 50 万颗恒星。其中的一些新生恒星都是质量超过太阳一百多倍的特超巨星。

第 26 页上的照片是利用哈勃空间望远镜所拍摄的图像拼接而成的，显示了明亮的气体云、黑色的尘埃带和无数闪烁的新生恒星。

有趣的是，蜘蛛星云发出的光要花 160 000 年的时间才能到达我们地球。这意味着我们所看到的这个星云正是智人第一次在地球上行走时它的样子。很多我们现在所看到的大质量恒星在此期间将发生超新星爆炸，而许多原恒星也会发育成熟。

小档案

名称：
蜘蛛星云，NGC 2070
星座：剑鱼座
天空位置：
赤经 05h 38m 38s
赤纬 –69° 05.7'
星图：14
距离：160 000 光年
直径：600 光年

▼ 在蜘蛛星云这幅红外图像的中心是孤立的巨星 VFTS 682，其质量是太阳的 150 倍以上。

"宇宙育婴室"

　　恒星形成区有着各种形状和大小，但几乎无一例外，它们都非常漂亮，尤其是当发光的星云和蓝白色的新生星团以及纵横交错的黑色尘埃细丝交相辉映时。这两页将向你展示"宇宙育婴室"的丰富多彩。

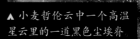

▲ 小麦哲伦云中一个高温
星云里的一道黑色尘埃脊

▼ 礁湖星云位于人马座，
距离地球约 5 000 光年

▼ NGC 6559 是
一个小星云，
直径仅几光年

▶ 位于人马座的 M17 被称
为 ω 星云或天鹅星云。

▼ 三叶星云被交错的黑色尘埃带划分成了几份。

▶ RCW 108 是南天星座天坛座中的一个巨大恒星形成区。

▲ N90 是小麦哲伦云中一个"幽灵"般的"恒星育婴室"。

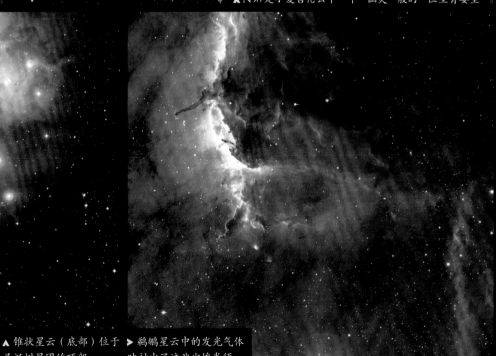

▲ 锥状星云（底部）位于圣诞树星团的顶部。

▶ 鹈鹕星云中的发光气体映衬出了这些尘埃卷须。

恒星的诞生

恒星家事

恒星鲜有单独形成的。银河系中的暗分子云通常会包含足够的气体和尘埃来形成数千颗恒星。在大型的恒星形成区中，所形成的完整星团往往会拥有数百颗恒星。它们被称为疏散星团：用望远镜可以清楚地看到其中单颗的恒星，实际上你可以看穿整个星团。

疏散星团中新生恒星的高能辐射会使周围星云中的气体发光。在许多著名的"宇宙育婴室"中就正在进行这一过程，例如猎户星云、鹰状星云和玫瑰星云。然而，并不是所有的年轻疏散星团都是易于看见的。在许多情况下，它们很大程度上会被诞出它们的星际尘埃云所遮蔽，只有通过红外望远镜才可见。

在银河系中我们已经发现了1 000多个疏散星团。它们中的一些年龄只有几百万年，而另一些则可以追溯到数亿年前。不过，按照天文学的标准，它们都是年轻的天体。由于引力扰动的作用，单颗恒星会获得足够的速度，进而从星团逃逸，就像长大离家的孩子。这些恒星会向整个宇宙扩散，而星团则会逐渐瓦解。

疏散星团是有趣的研究对象，其所有的恒星都有着相同的年龄，所以更易于比较它们不同的特点。这为天文学家提供了大量有关恒星演化的信息。

视觉之旅：神秘的星际空间

彩色典藏版／修订版

▲ 使用欧洲南方天文台的可见光和红外天文巡天望远镜（VISTA），天文学家发现了几十个隐藏在银河系尘埃背后的星团。

▶ 数千颗大质量恒星潜藏在年轻星团NGC 3603的核心，距离地球约20 000光年。

年轻而狂野

大约 100 万年前，在距离地球约 20 000 光年的地方，一团星际气体和尘埃云在其自身的引力作用下发生了坍缩。在很短的时间里，这个星云碎裂成数百个"团块"，其中的每一个"团块"最终都诞生出了一颗新的恒星。这波"婴儿潮"的产物便是年轻的疏散星团 NGC 3603，约翰·赫歇尔在其 1834 年的南非之行期间发现了它。由于被 NGC 3603 的紧致结构所误导，他误认为它是个球状星团。

包括应用哈勃空间望远镜在内，天文学家对 NGC 3603 已进行了广泛研究。它位于银河系的船底旋臂中，直径仅几光年。该星团中质量最大的恒星紧密地聚集在其中心附近。有一些恒星的质量达到太阳的一百多倍。这些宇宙中的重量级选手寿命很短，其中有一颗恒星甚至即将发生超新星爆炸。

哈勃空间望远镜在 1997 年和 2007 年分别拍摄了该星团的核心。通过仔细比较两幅图像，天文学家测量了数百颗恒星的运动速度。结果显示，这个星团还没有真正"平静"下来，单颗恒星的速度与它的质量无关，但却反映出了 100 万年前形成它的气体和尘埃云的运动情况。

▼ 使用背景图像中哈勃空间望远镜所拍摄的该星团中心区的照片，天文学家测出了数百颗恒星的运动。

小档案

名称： NGC 3603

星座： 船底座

天空位置：

　赤经 11h 15m 09s

　赤纬 −61° 16.3'

星图： 14

距离： 20 000 光年

直径： 5 光年

年龄： 200 万年

名称： 昴星团，
    M45，七姐妹
星座： 金牛座
天空位置：
    赤经 03h 47m 24s
    赤纬 +24° 07.0'
星图： 3
距离： 430 光年
直径： 15 光年
年龄： 1.15 亿年

七个老姐妹

昴星团是夜空中最著名的疏散星团。自古以来，它们一直吸引着众人的眼光，甚至在《圣经》中都被提及。所有的古代文明都知道位于金牛座的这片小而独特的星"云"，早在拉斯科洞穴和内布拉天盘的史前时期就有了对它的记录。

尽管叫七姐妹星团，但它其实只包含 6 颗亮星（昴宿六、昴宿七、昴宿一、昴宿四、昴宿五和昴宿二），不过任何视力良好的人都可以辨识出 8 颗或 10 颗恒星，使用双筒望远镜则可以看到几十颗恒星。如果把最暗弱的成员星都算上，你可以数出 1 000 多颗恒星，它们年龄相同，都超过了 1 亿年。昴星团是一个较为古老的星团。

很久以前形成昴星团的气体和尘埃云便消散进了太空，在其最亮恒星周围可以看到的缕缕星云来自另一团恰好经过它的尘埃云。低温的尘埃颗粒反射了该恒星的大部分蓝光。

昴星团距离地球只有 430 光年。在距离地球 151 光年的更近地方，有一个更古老的疏散星团——毕星团。它位于金牛座的主要恒星毕宿五的西南方，有着超过 6 亿年的年龄，人们几乎无法辨认出它是一个星团了。

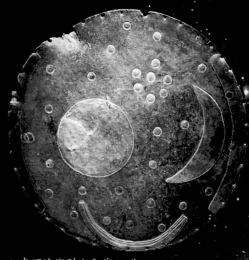
▲ 在可追溯到公元前 16 世纪的德国内布拉天盘上，位于新月左上角的可能就是昴星团。

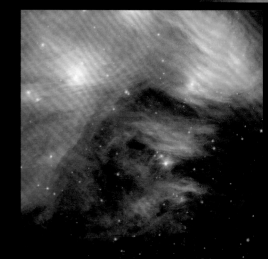
▲ 由于被星光加热，昴星团中的星际尘埃会发出红外辐射。

▶ 在法国拉斯科的这幅史前岩画上，靠近公牛头部的这些黑点是否代表着金牛座中的昴星团呢？

▲ 肉眼只能看到昴星团
中最亮的 6 颗或 7 颗恒
星。要看到昴星团周围
的星云需要使用大型
望远镜。

疾驰的恒星

在一个像猎户复合体或船底星云这样的大型恒星形成区中，有各种类型和大小的恒星正在诞生。较小的类太阳恒星有着长达好几十亿年的寿命，但大质量巨星的寿命则要短得多。虽然它们有着更多的核燃料储量，但其消耗的速度极快。在几百万年的时间里，它们就会爆炸成超新星，几乎都没有足够的时间来离开自己的诞生地。

然而，在 20 世纪中叶，天文学家却发现了一些在银河系中完全孤立的大质量恒星，而且它们的运动速度高达 100 多千米每秒。1954 年，荷兰天文学家阿德里安·布劳发现，这其中有 3 颗恒星——天鸽 μ、御夫 AE 和白羊 53——源自猎户复合体。它们显然在那里诞生，但之后在很年轻时便以极高的速度离家出走了。

几年后，布劳就这一逃逸现象给出了一个令人信服的解释。大质量的巨星往往是密近双星系统的一部分，两颗恒星会以高速相互绕转。如果其中一颗爆炸成超新星，进而损失了大量的物质，它的伴星就会像弹弓一样被弹射入太空。

有些速逃星还会伴随有其伴星爆炸后所留下的小而致密的中子星。20 世纪 90 年代末发现的这一现象，为布劳的理论提供了有力的证明。

▲ 当速逃星高速通过星际介质时，会产生弓形激波。

▲ 阿德里安·布劳绘制的天鸽 μ、御夫 AE 和白羊 53 的运动图，将其向后推会发现它们在猎户复合体中有一个共同的起源。

▼ 由美国国家航空航天局的大视场红外巡天探测器（WISE）所获得的红外图像可见，来自恒星御夫 AE 的强劲辐射加热了烽火恒星云内的气体和尘埃。

视觉之旅：神秘的星际空间 彩色典藏版·修订版

▶ 包含一个超新星遗迹的巨大 X 射线双星船帆 X-1 周围的弓形激波表明它的运动速度达到了 90 千米每秒。

漆黑的星云

在英国天文学家弗雷德·霍伊尔于1957年出版的科幻图书《黑色星云》中，一个拥有智慧且能交流的暗星云造访了太阳系。霍伊尔把这个致密的星云称为博克球状体，以纪念荷兰裔美国天文学家巴特·博克，他在10年前研究了银河系中这些小而黑的星云。

博克相信，这些"球"代表着恒星形成的最后阶段。一小团低温气体和暗尘埃云会在自身引力的作用下收缩。当然，只有当它们映衬在发光氢气的明亮背景下或者是吸收了更遥远的星光时，我们才能看到这些小型的暗星云。在这些球状体中，一个新的恒星已经形成，一旦产生出足够的能量，它就会吹散其四周的所有物质，球状体也会随之消散。

在20世纪中叶，许多天文学家并没有把博克的理论当回事。但在20世纪80年代，天文学家通过荷兰和美国联合研制的红外天文卫星（IRAS）发现，在几乎所有博克球状体的中心确实都存在微弱的热辐射源——一颗胚胎恒星。

在这幅博克球状巴纳德68的照片中，可以清楚地看到，越往中心方向，这个暗星云的密度越高。在暗星云的边缘处，背景恒星依然可见，但它们所发出的光因尘埃的吸收作用而严重红化，就像地球大气的吸收会使夕阳变红一样。

▶ 巴纳德68是位于蛇夫座的一个知名博克球状体。

小档案

名称：巴纳德68
星座：蛇夫座
天空位置：
赤经 17h 22m 38s
赤纬 −23° 49.6'
星图：12
距离：500 光年
直径：0.5 光年

▲ 在半人马座"恒星育婴室"IC 2944中高温氢气的光芒映衬下，可以看到黑色的球状体，看上去就像打翻墨水的污迹。

小档案
||||||||||||||||||||||||||||||

名称： 马头星云，
　　　　巴纳德 33

星座： 猎户座

天空位置：
　　　赤经 05h 40m 59s
　　　赤纬 −02° 27.5'

星图： 9

距离： 1 500 光年

直径： 3 光年

宇宙马嘶

对于星座来说，人们往往需要丰富的想象力才能看出它像一头巨大的熊、一头牛或者一条龙，但一些星云却真的名副其实。1888 年，苏格兰天文学家威廉明娜·弗莱明在美国哈佛大学天文台研究了一张猎户座的照片底片。就在亮星参宿一的正下方，她看到了一个小巧而惊人的暗星云，其形状酷似马的头。这个天体的正式名称是巴纳德 33，但自那以后"马头星云"的称呼就不胫而走。

在弗莱明的时代，没有人知道恒星是如何产生光和热的，更不用说它们是如何从气体和尘埃云中诞生的了。今天我们知道，马头星云是一个大型的不规则博克球状体，它在发光氢气的粉红背景下呈黑色。它是广袤的猎户复合体的一部分。在数万年后，在夜空中的那个位置将会诞生新的恒星。

马头星云这幅大照片显示出了平行的粉色气体丝缕，这可能是磁场引起的。它是大型低温氢气云中的一个小凸起，前者就位于照片的左下方。在右侧的红外图像上，这个延展的星云清晰可见，但它的马头形象则几乎看不见了，这是因为尘埃对红外辐射的影响很小。哈勃空间望远镜拍摄了马头星云的精细红外图像，在照片上我们可以看到几颗胚胎恒星。

◀明亮发光气体和黑色吸收性尘埃之间微妙的相互作用造就了从星云中探出的马头形象。

▲在可见光波段（顶图），马头星云是一个不透明的漆黑的暗星云。在近红外波段（底图，"哈勃"图像），它则变得透明得多。

▲在欧洲天文可见光和红外巡天望远镜（VISTA）所拍摄的烽火恒星云红外图像的右下角，可以看到马头星云。位于图像右上方的是恒星参宿一。

"我们很高兴地宣布……"

恒星不是一天就能形成的。类太阳恒星的寿命长达 100 亿年，是人类寿命的 1 亿多倍。因此，一颗恒星的诞生需要很长的时间，很可能至少 10 万年，也就没什么可奇怪的了。

分子云和发光氢气云是新恒星诞生的"育婴室"，小而黑的博克球状体则是它们的"产房"。当"恒星胎儿"准备好来到这个世界时，它被称为原恒星。

原恒星是很难被看见的，它们通常隐藏在形成它们的气体和尘埃暗星云中，但红外线望远镜可以探测到它们微弱的热辐射。通过这种方式，天文学家们发现，它们是正在收缩的气体球。由于在自身的引力下坍缩，它们会辐射出能量。

除了红外辐射、射电波和 X 射线，新生恒星也放出带电粒子进入太空。这一星风通常在沿着原恒星自转轴的方向上特别强，它会产生激波并使周围星云气体的密度升高。这种星云状斑块以发现它们的两个天文学家的名字命名为赫比格 – 阿罗天体。赫比格 – 阿罗天体是新生恒星的第一声"啼哭"。

最终，原恒星内部的温度和密度都会升高到足以点燃自发的核反应，由此释放出的能量会阻止原恒星的坍缩。只有达到新的平衡状态，这个"新生儿"才能被称为真正的恒星。

▲ 利用欧洲南方天文台甚大望远镜的红外观测能力，天文学家在恒星形成区 RCW 38 的核心发现了一些原恒星。

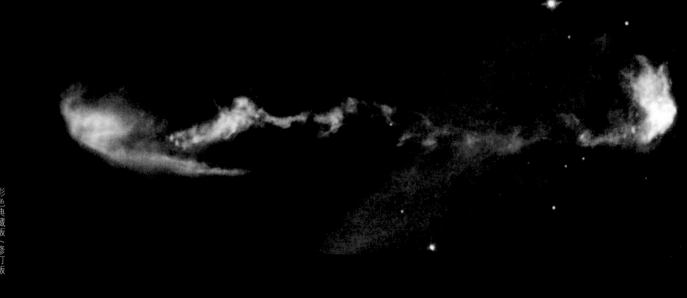

▲ "恒星育婴室"中年轻恒星和星周原行星盘的艺术图。

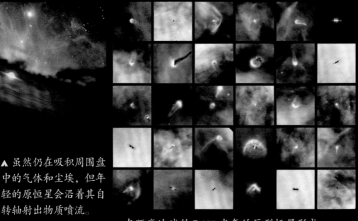

▲ 虽然仍在吸积周围盘中的气体和尘埃，但年轻的原恒星会沿着其自转轴射出物质喷流。

▲ 在距离地球约 7 000 光年的巨型恒星形成区船底星云中，已发现了几十个原行星盘。

胚胎行星

大自然中没有什么是完美的。当气体和尘埃云凝结形成新的恒星时，并不是所有的物质都最终会构成恒星。这个星云中的一小部分——通常不超过百分之几——会在一个扁平的盘中继续绕恒星转动，这个盘被称为原行星盘。运气好的话，这个盘中的物质就会聚集成一颗或者多颗行星。

早在 18 世纪中叶，哲学家伊曼纽尔·康德就提出太阳系形成于一个旋转的扁平盘，但直到 20 世纪 80 年代中期美国和荷兰联合研制的红外天文卫星（IRAS）才在恒星绘架 β 和织女星周围发现了星周盘存在的证据。在 20 世纪 90 年代初，天文学家通过哈勃空间望远镜发现了猎户星云中的原行星盘。从那时起，人们又在许多其他恒星形成区中发现了它们的身影。

坍缩中的气体和尘埃云如何才能形成转动的扁平物质盘呢？答案很简单：即便最轻微的转动也会被星云的坍缩过程放大，就像花样滑冰运动员收紧手臂可以使自己越转越快一样（角动量守恒定律）。一切自转的物体都会在离心力的作用下变扁。比萨饼店中就有一个活生生的例子，转动着被抛向空中的面团掉下来时会变薄。

▼ 哈勃空间望远镜在猎户星云中所拍摄的首批原行星盘图像之一。

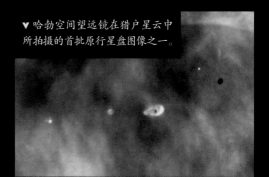

恒星的诞生

北落师门的家

北落师门是夜空中最亮的恒星之一。它发出的光强度是太阳的近 17 倍，离我们的距离也相当近，只有 25 光年。天文学家通过红外望远镜已经发现，这颗位于南鱼座中的恒星必定被一个由气体和尘埃组成的巨大扁平环所包围。哈勃空间望远镜第一个拍摄了该原行星盘的图像。

北落师门是一颗高温年轻的恒星。它可能是在几亿年前与亮星北河二和织女星一起形成的。它也许还拥有几颗大质量的行星，其尘埃环中的锐利边缘可能就是这些行星的引力扰动所造成的。

2008 年，美国天文学家宣布在北落师门的尘埃环中发现了一个运动天体。在自那以后的数年中，天文学家可以清晰地看到这个明亮"斑点"的运动情况。也许它是一颗大质量的类木行星，被临时命名为北落师门 b。

并非每个人都认为北落师门 b 是一颗真正的行星。斯皮策空间望远镜的测量显示，它可能是一个相对致密的尘埃云，在它的中心可能存在一颗胚胎行星。然而，毫无疑问的是有许多种类的天体在围绕北落师门转动。天文学家通过欧洲的赫歇尔空间望远镜发现，彗星间的碰撞可能形成了直径约 1 微米的粒子。

▶ 这幅艺术构想图描绘了一颗正在穿越北落师门（右上）周围气体和尘埃盘的年轻巨行星。

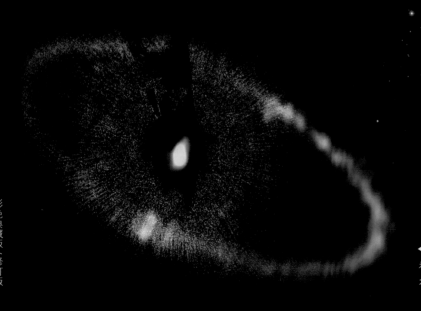

▲ 北落师门是南鱼座中最亮的恒星。

◀ 经位于智利的国际阿塔卡马大型毫米波／亚毫米波阵列（ALMA）观测发现，北落师门盘中较大的尘埃颗粒都集中在一个狭窄的环内。

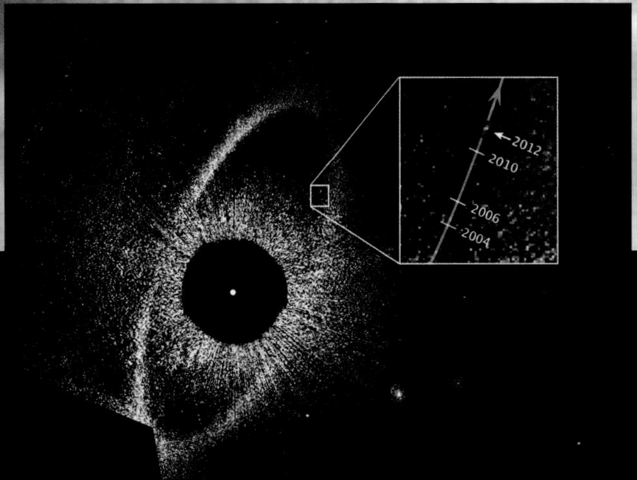

小档案

名称：北落师门，南鱼α
星座：南鱼座
天空位置：
赤经 22h 57m 39s
赤纬 −29°37.3'
星图：8
距离：25 光年
亮度：1.2 等
质量：1.9 × 太阳
直径：1.8 × 太阳
光度：16.5 × 太阳
年龄：45 万年

▶ 可以看到在北落师门周围的原
行星盘中有一个亮点在围绕它
转动，它被称为北落师门 b。它
会是一颗行星吗？

望远镜

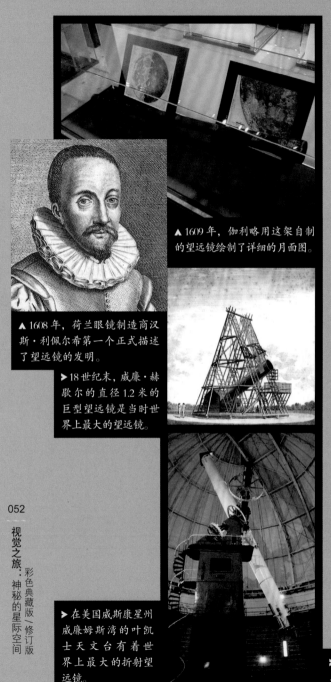

▲ 1609 年，伽利略用这架自制的望远镜绘制了详细的月面图。

▲ 1608 年，荷兰眼镜制造商汉斯·利佩尔希第一个正式描述了望远镜的发明。

▶ 18 世纪末，威廉·赫歇尔的直径 1.2 米的巨型望远镜是当时世界上最大的望远镜。

▶ 在美国威斯康星州威廉姆斯湾的叶凯士天文台有着世界上最大的折射望远镜。

▶ 位于美国新墨西哥州索科罗的甚大阵射电望远镜鸟瞰图。

视觉之旅：神秘的星际空间 彩色典藏版 修订版

1600 年前后，荷兰的眼镜制造商汉斯·利佩尔希和扎卡赖亚斯·扬森发明了望远镜。原理很简单：先用凸透镜（物镜）来产生被观测物体的放大图像，然后用凹透镜（目镜）来观看。1688 年，艾萨克·牛顿发明了第一架反射式望远镜，其物镜是一个凹面镜。

无论折射（透镜）还是反射式望远镜，越大的物镜越能看到更暗的恒星和更多的细节。因此，随着时间的推移，天文学家建造的望远镜越来越大也就不足为奇了，例如威廉·赫歇尔在 1789 年设计的 1.2 米望远镜。爱尔兰天文学家威廉·帕森斯（罗斯爵士）于 1845 年建造的 1.8 米望远镜在 70 多年的时间里一直是世界上最大的望远镜。

在 20 世纪上半叶，大型望远镜的造价变得太过昂贵而无法再由某个人独自出资。美国天文学家乔治·埃勒里·海尔找到了一些富商，他们愿意资助建造大型望远镜，包括位于美国加利福尼亚州威尔逊山的直径 2.5 米的胡克望远镜（1918 年）——天文学家正是使用它发现了宇宙膨胀现象——还有同在美国加利福尼亚州帕洛马山的直径 5 米的海尔望远镜（1948 年）。

第二次世界大战结束后，天文学家建造了第一架射电望远镜，这些大型的抛物面天线可以探测来自宇宙的微弱射电波。由于射电波有着比可见光更长的波长，因此射电望远镜的设计要求，例如表面精度，并没有那么严苛。于是，它们可以造得比光学望远镜大得多。世界上最大的射电望远镜直径 305 米，位于波多黎各的阿雷西博天文台。

▲ 在这幅赫伯特·康普顿·赫里斯的绘画作品中，1845 年在爱尔兰的比尔城堡，威廉·帕森斯在监督其直径 1.8 米的"庞然大物"望远镜的建造。

▲ 未来的一平方千米天线阵由数万个小型的射电天线组成，将在澳大利亚和南非建造。

▼ 这架大型双筒望远镜位于美国亚利桑那州格雷厄姆山，在一个支架上安装了两块直径8.4米的巨型镜面。

▼ 在美国夏威夷的莫纳克亚天文台坐落着日本的直径8.2米的昴星望远镜（左侧）和两架直径10米的凯克望远镜（中间）。

▼ 未来将在美国夏威夷莫纳克亚建造的直径30米的望远镜的艺术概念图。

自 20 世纪 80 年代以来，天文学家一直在建造日益庞大的光学和红外望远镜。"主动光学"技术可以不断调节薄反射镜（其直径最大可达 8.4 米），以补偿重力形变和风力载荷的影响。直径达 10 米的更大镜面则不再由一块镜面组成，而是由数十块六角形镜面拼接而成，这一技术率先应用在位于美国夏威夷莫纳克亚的两架凯克望远镜上。

今天，每架巨型望远镜都使用了"自适应光学"技术。通常会使用激光束，以 100 次每秒的速度测量大气层中湍流的干扰效应，然后向光路中的"弹性"辅助反射镜发送信号，后者的形状会相应地做出改变，由此来消除大气抖动的影响。

位于智利的欧洲南方天文台的甚大望远镜以及位于美国亚利桑那州的大型双筒望远镜等使用了干涉技术，可以通过综合来自不同望远镜的观测来获得极其清晰的图像。同样的技术已于半个多世纪前被应用于射电天文学中了。

在不久的将来，人类有计划建造直径 20 ~ 40 米的复合材料或者拼接镜面望远镜，包括巨麦哲伦望远镜（智利）、直径 30 米的望远镜（美国夏威夷）和欧洲特大望远镜（智利）。射电天文学家目前正在设计一平方千米天线阵，它由位于澳大利亚和南非的数万面天线组成，天线总面积达一平方千米。

◄ 使用位于美国加利福尼亚州威尔逊山的直径 2.5 米的胡克望远镜，天文学家发现了宇宙膨胀现象。

▲ 20 世纪望远镜中的"王母"是位于美国加利福尼亚州帕洛马山、建于 1948 年的 5 米海尔反射望远镜。

▲ 位于智利帕瑞纳尔天文台的欧洲甚大望远镜会使用钠激光测量大气的湍流，然后通过自适应光学技术对其进行补偿。

► 在智利北部的阿玛逊斯山，欧洲特大望远镜正在施工建造中，其直径 39.2 米的主镜将利用镜面拼接而成。

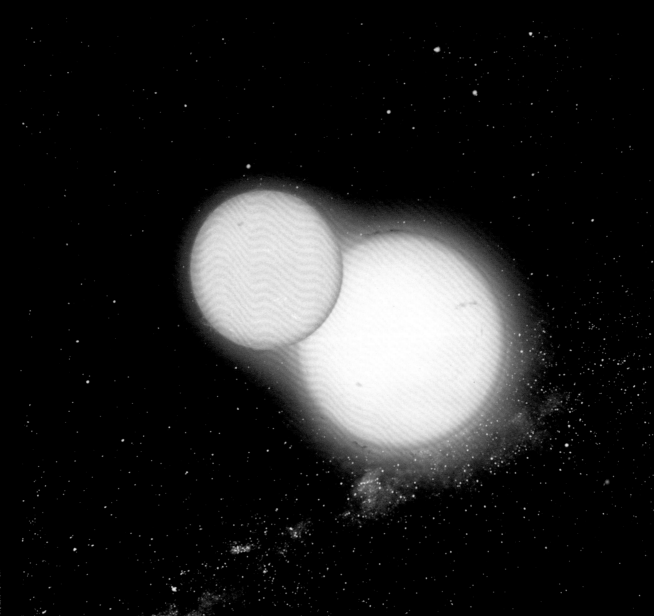

视觉之旅·神秘的星际空间

彩色典藏版／修订版

恒星和行星

就像我们的太阳一样，人们在夜空中所看到的每颗恒星都是一个巨大的高温气体球。它们是宇宙的核电站，通过把一种元素转变成另一种元素来产生能量。这些"女巫的核大锅"会制造出越来越重的原子，它们之后会成为有机分子和生物体的要素。

1835 年，法国哲学家奥古斯特·孔德声称，我们永远无法知道恒星是由什么构成的；毕竟，你不可能从恒星上采集样本。然而，就在此后不久，分光镜问世了，使天文学家们不仅可以研究恒星的成分和结构，还能了解它们的生老病死。

现在我们知道，宇宙是一个巨大的循环再造工厂，星际气体和尘埃云会在其自身引力的作用下坍缩成各种各样的恒星。在它们生命的终点，那些恒星会把自身大部分的物质吹回太空。这些恒星气体——富含新制造出的重元素——能形成新的恒星和行星。

近年来，天文学中最重要的进展是发现了围绕其他恒星转动的行星，即太阳系外行星。至少有一半的恒星都拥有一颗或多颗行星。这些外星行星同样显示出了难以想象的多样性，但其中也有一些无疑会和我们的地球几乎一模一样。

◀开普勒 –35b 是一颗环绕一个双星系统转动的太阳系外巨行星，距离地球 5 400 光年。

宇宙核反应堆

恒星只不过是一个巨大的高温气体球。粗略地说，它由约75%的氢构成，这是宇宙中最简单且最轻的元素。其余的1/4绝大部分是氦，它是第二轻的元素。大多数恒星只含有少量其他重一些的元素。在几亿甚至几十亿年的时间里，恒星会向太空释放出能量，但这些能量是从何而来呢？

直到20世纪上半叶，当物理学家对原子结构以及核反应有了更深入的了解之后，恒星如何产能的难题才被解开。由于恒星内部的高温和高压，氢原子以极高的密度聚集在一起，导致自发的核聚变反应。小而轻的原子核会聚变成大而重的核。它实际上就像是一种宇宙炼金术，把一种元素转化成了另一种元素。

最常见的核聚变形式是由氢聚合成氦，其细节相当复杂，但在经过几个中间阶段之后，其最终的净效果是4个氢原子熔合成1个氦原子。但凡见过氢弹破坏性作用图片的人都知道，这一氢聚变会释放出大量的能量。在某种意义上，我们的太阳就是一颗在过去的46亿年一直在爆炸的氢弹。夜空中的每一颗恒星都是宇宙的一个核反应堆。

▲ 氢弹是人类以一种会造成不幸的方式复制宇宙核聚变产能过程的核武器。

视觉之旅：神秘的星际空间
彩色典藏版/修订版

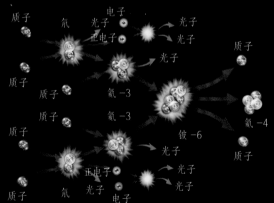

质子　氘　电子　光子　正电子　光子　光子　光子　质子
质子　质子　氦-3　氘　氦-3　光子　铍-6　氦-4　质子　质子　正电子　氘　氦　光子　光子　电子　质子

◀ 在恒星核聚变中，通过许多牵涉到氘（D）和铍（Be）的中间步骤，4个氢原子核（质子，p）聚变成了1个氦（He）原子核。

恒星分类

恒星具有各种衡量尺度和特性：大小、冷热、明暗。这些性质也会出现不同的组合。高温的恒星并不总是明亮的，暗弱的恒星也不一定就很小，大的恒星也可以温度很低，不过每一种性质组合出现的概率并不相等。赫兹伯隆－罗素图（简称赫罗图）以两位创立它的天文学家的名字命名，可以让人一眼就看出恒星的繁多种类。

赫罗图的横轴表示温度。恒星的表面温度决定了它的颜色，就像温度决定了火中铁棒的颜色一样。高温的蓝白色恒星都位于赫罗图的左侧，低温的红色恒星则位于其右侧。赫罗图的纵轴表示恒星的光度，它度量了恒星所辐射出的能量。低光度恒星位于赫罗图的底部，最明亮的则在顶部。我们立刻就能明白的是，较小的恒星应该位于其左下角，而较大的恒星则在右上角。如果一颗恒星温度非常高但又很暗，那它一定很小，温度低但却很亮的恒星一定非常巨大。

如果把所有的恒星都放在赫罗图中其应在的位置上，你会看到其中的大部分恒星（包括我们的太阳）都位于一条从其左上角延伸到右下角——从蓝巨星到红矮星——的对角线条带上。这一条带被称为主序。每颗恒星都会在主序上的某个地方度过其一生的大部分时间，此时在其内部会发生氢聚变。红巨星（右上）和白矮星（左下）则不那么常见。

▼ 在描述光度和表面温度（或光谱级）关系的赫罗图中，恒星会落入一些不同的群组中。

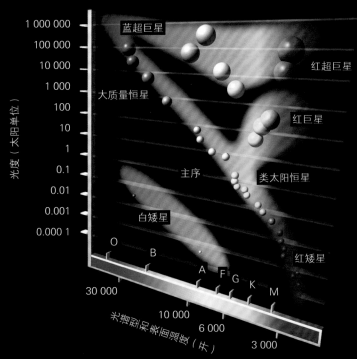

注：摄氏温度 = 开尔文温度（开）－273.15

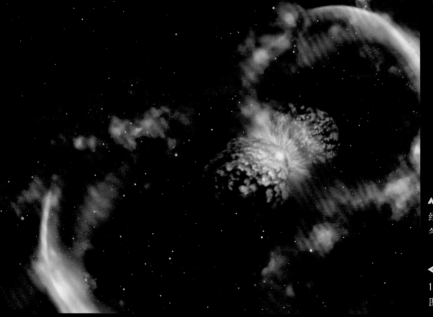

▲ 美国国家航空航天局的钱德拉 X 射线天文台捕捉到了由船底 η 周围高温气体所发出的 X 射线辐射。

◄ 船底 η 中央的"侏儒星云"形成于 1843 年的巨大爆炸，那次爆炸还向周围的气体发出了爆震波。

重量级恒星

坍缩的气体和尘埃云的体积与质量越大，所形成恒星的体积和质量也越大；这看似合乎逻辑。然而，恒星的体积和质量也是有限制的。当一颗恒星的质量超过太阳的 120 倍（爱丁顿极限）时，它所产生的辐射足以把自己"吹炸"。这时，该恒星的辐射压会比其引力大。

不过，天文学家也发现了一些例外情况。例如，恒星船底 η 的质量是太阳的 150 多倍，其诞生时的质量甚至是现在的 1.2 倍。在 19 世纪，船底 η 经历了一系列短暂的壮观爆发。虽然船底 η 与地球的距离是冬季天空中最亮的恒星天狼星的近 1 000 倍，但在 1843 年春，它的亮度几乎和天狼星相当。

大麦哲伦云中的一颗恒星 R136a1 则更极端。它的质量是太阳的 265 倍，光度则是太阳的近 900 万倍。这颗宇宙重量级恒星的表面温度超过了 50 000 摄氏度。与船底 η 类似，它把大量的气体吹入了太空；在过去的 100 万年里，它已经流失了相当于 50 个太阳的质量。

这些巨大的恒星是如何抵抗爱丁顿极限的？没有人确切知道，但人们发现它们都位于星数多且致密的星团中，因此可能是由两颗质量小一些的恒星碰撞和并合所形成的。

▼ 巨型星团 R136 位于蜘蛛星云的正中心，其中包含了一些已知质量最大的恒星。

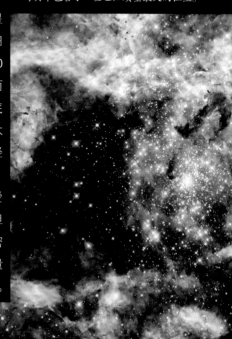

游荡的食星族

大质量恒星的寿命要短于小质量恒星。大质量恒星虽然包含有较多的氢，但它燃烧氢的速度也更为迅速，因此，其氢聚变仅能维持几千万年，此后它就开始进一步演化。在赫罗图上，它会离开主序。小质量恒星虽然氢储备较少，但却可以持续燃烧数十亿年，因此会在主序上逗留长得多的时间。

因此，当发现高温大质量恒星在主序上逗留的时间远超预期，也就是它们演化的速度低得多时，天文学家们备感惊讶。这些蓝色的巨星被称为蓝离散星。它们在致密的星团中最为常见。一个星团中

的恒星通常都是在同一时间诞生的；在这种星团的赫罗图上，我们可以明显地看到，除了蓝离散星之外，最大质量的恒星都已离开了主序。

对此的解释却是出奇地简单：星团中会包含许多双星——以较小的轨道相互绕转的两颗恒星。当双星中的一颗在其生命终点发生膨胀时，它可以吞噬另一颗恒星。这就好像给这颗恒星加油，使其氢聚变可以持续更长的时间。两颗恒星之间的碰撞也可能导致它们并合到一起。

通过吞食它们的同类，蓝离散星延长了自己的寿命。它们是宇宙中的食星族。

▼ 在诸如 NGC 6397 这样的致密星团中，单颗恒星间的相互作用会导致蓝离散星的形成。

▶ 质量转移或并合：有两条途径可以形成一颗看上去比实际更年轻的高温蓝色恒星。

小档案

名称：天蝎 18
星座：天蝎座
天空位置：
　　赤经 16h 15m 37s
　　赤纬 –08°22.2'
星图：12
距离：45 光年
亮度：5.5 等
质量：1.02 × 太阳
直径：1.01 × 太阳
光度：1.06 × 太阳
年龄：46 亿年

类太阳恒星

我们的太阳是一颗普通的恒星，不是特别大，也不是特别小；温度不太高，也不太低；不是非常亮，但也不非常暗。它相当于是银河系中的"路人甲"。

因为太阳是这样一颗普通的恒星，这就意味着在银河系中一定存在很多和它类似的恒星：直径约 150 万千米，表面温度 5 000 摄氏度或 6 000 摄氏度，能量输出功率约 4 万亿亿兆瓦，以及约 50 亿年的年龄。

最类似太阳的恒星是 HIP 56948，它是位于天龙座的一颗小而暗的恒星，距离地球约 200 光年。如果明天就让 HIP 56948 取代太阳，我们在地球上几乎不会注意到它与太阳有什么差别。天蝎 18 是一颗距离地球仅 45 光年的恒星，因此用肉眼即可看见，它也是太阳的翻版。我们还不知道它是否拥有行星。

对类太阳恒星的研究是更清楚地了解我们太阳的重要一步。只有把太阳和它的孪生兄弟姐妹进行仔细比较，才能确定其某些特性（例如 11 年的活动周期和长期极小期的出现）是特有的还是普适的。例如，已经发现，相比其他大多数恒星，太阳的产能极其稳定。

▼ 每 11 年，太阳表面上的黑子和明亮活动区的数目都会高于平均水平。

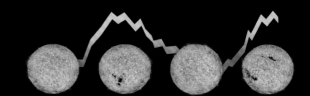

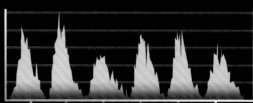

1950 年　　　　　　　2000 年

太阳黑子数／个

▲ 黑子和黑子群数目是太阳活动的一种度量，不是每一个极大期都具有相同的强度。

▶ 在一次太阳活动极大期（前景）中，太阳会释放出相对于极小期（背景）更多的高能 X 射线。

▲ 这幅由亨德里克·阿维坎普所画的荷兰冬季景象图反映了小冰期的状况，这个小冰期与1645年至1715年间的太阳长时间极小期重合。

▲ 恒星 HIP 56948（左）和天蝎 18（右）就像是我们太阳的复制品。

恒星和行星

红矮星军团

在自然界中，小的东西总会在数量上超过大的东西。看一看海滩：那儿只有几块大石头，但却有许多的岩石和鹅卵石以及无数沙粒。宇宙也是如此：小质量的小恒星要远远多于大质量的大恒星。

红矮星是宇宙中已知最常见的恒星，仅在银河系中就有几千亿颗。红矮星天生就很小，并不比巨行星木星大多少，在其内部，压强和温度都高到足以点燃氢聚变反应。虽然红矮星的氢储备远少于大质量恒星，但其核反应速度很慢，可以维持上百亿年。红矮星几乎是永生的。

我们用肉眼无法看到红矮星，因为这些暗弱的恒星根本发射不出足够的光线。然而，在距离太阳最近的 15 颗恒星中，不下 10 颗是红矮星，足以彰显它们数量的庞大。其中两颗最知名的是比邻星（离太阳最近的恒星，距离太阳 4.24 光年）和巴纳德星（距离太阳约 6 光年）。

许多红矮星拥有一颗或多颗行星。然而，还无法确定在这些行星上是否有生命，因为红矮星常常会发生高能 X 射线暴。

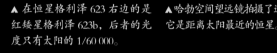

▲ 在恒星格利泽 623 右边的是红矮星格利泽 623b，后者的光度只有太阳的 1/60 000。

▲哈勃空间望远镜拍摄了这幅红矮星比邻星的图像，它是距离太阳最近的恒星。

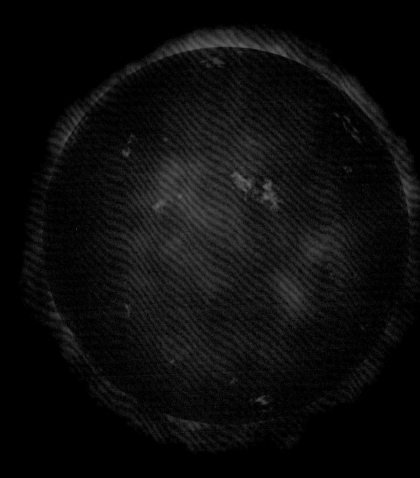

▶ 红矮星比太阳要小得多，其表面温度也比太阳低，只有几千摄氏度。

▲ 在一颗年轻褐矮星周围的盘中发现的大量
尘埃颗粒表明，即使是这些"失败的恒星"
也可能会孕育出岩质行星。

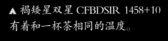

▲ 褐矮星双星 CFBDSIR 1458+10
有着和一杯茶相同的温度。

失败的恒星

只有能在其内部通过氢聚变成氦进而释放出能量的才算是一颗真正的恒星。这些核聚变反应的发生需要恒星核心处的温度和压强足够高。要做到这一点，恒星的质量必须要达到木星的至少 80 倍。但是，如果一个质量不足木星 80 倍的小型星际云发生坍缩会出现什么情况？

1975 年，美国天文学家吉尔·塔特在她的毕业论文中对其进行了计算。一小团氢气和氦气（例如木星）会因为没有足够的质量而无法点燃自发的氢聚变。但是，塔特发现，如果一个天体的质量超过木星的 13 倍，就能进行氘聚变。在恒星内部会含有少量的氘（重氢），氘核聚变也会产生少量的能量。

塔特把这些"失败的恒星"称为褐矮星；毕竟，它们会辐射出少量的能源（主要以红外热辐射的形式），所以并不完全是黑的。在现实中，褐矮星可能会具有洋红色的色调。

虽然褐矮星的质量是木星的 13 ~ 80 倍，但它们却并不会比巨行星大很多。有些褐矮星的表面温度都不会超过几十摄氏度，在其大气中甚至会有云雾形成。由于几乎无法被观测到，因此目前为止只发现了极少量的褐矮星也就不奇怪了。

▲ 温度最低的 Y 型褐矮星的艺术概念图。它们的大小和木星相当。

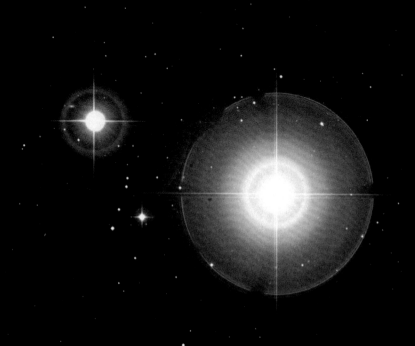

▼ 天空中最著名的双星位于大熊座的尾巴上：开阳（较亮的成员星）和辅。

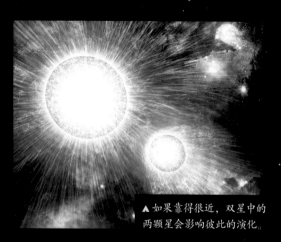

▲ 如果靠得很近，双星中的两颗星会影响彼此的演化。

▶ 卢克·天行者欣赏着他的故乡塔图因行星上的双重日落，该行星在环绕一个双星系统公转。

太空伉俪

在著名的《星球大战》电影里，在卢克·天行者的故乡、虚构的沙漠行星塔图因上，每天晚上可以看到双重日落的景象。塔图因所围绕的不是一颗恒星，而是两颗。双星——一起生活的两颗恒星——在宇宙中十分普遍：有半数以上的恒星都位于双星系统中。

天空中最著名的双星是开阳，它位于大熊座尾部的中央。任何视力良好的人都能看到在开阳的边上有一颗叫作辅的暗星。其他大多数的双星都只能用望远镜才能把它们"分开"。例如，用肉眼就无法看到距离地球最近的恒星半人马α的伴星。双子座中的亮星北河二则是一个六星系统的成员。

宇宙中之所以有这么多的双星和多星系统，是因为原恒星云在其自身引力造成的坍缩下极易分裂成多个碎片，这就有可能导致质量相近的双星形成，例如半人马α。有时在双星系统中会出现一颗大质量恒星和一颗小质量恒星（例如红矮星或褐矮星）的组合。

当双星系统中的一员在其生命的终点膨胀成红巨星时，它的物质会被转移到另一颗恒星上。这会引发各种壮观的现象，如新星爆发。

宇宙闪光灯

试想有一天，太阳辐射的光和热变成了现在的 1.5 倍。这将对我们的天气和气候产生巨大的影响。地球上的生命——即便可以在这种环境下生存——会变得完全不同。幸运的是，太阳的产能极其稳定。但是许多其他恒星则活跃得多，其亮度在数小时、数天、数周或者数月时间里就会发生变化。

有些小型的恒星，例如红矮星，会出现不定期的爆发，释放出大量的高能 X 射线。在双星系统中，也会时不时地发生灾难性的爆发，例如当一颗恒星上的大量物质突然转移到另一颗恒星上时。然而，对于大多数变星而言，其亮度变化则要有规律得多。这些亮度变化是由于恒星脉动——周期性地变大和变小——所造成的，因此其温度和亮度也会跟着发生变化。

最著名的脉动变星被称为造父变星，其原型是仙王 δ。在 20 世纪初，美国天文学家亨里埃塔·莱维特发现，造父变星的脉动周期和它的平均光度之间存在严格的对应关系：造父变星光度越大，脉动得越慢。

天文学家可以利用造父变星来确定其他星系的距离。简单地说，他们先测量它的脉动周期，然后利用莱维特定律计算出其平均光度。通过将该平均光度和在夜空中观测到的亮度进行比较，就可以很容易地计算出它与我们的距离。

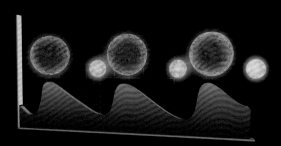

▲ 在这幅紫外线照片的最右边，变星蒭藁增二在高速通过星际空间时留下一条高温气体尾。

◄ 造父变星会随着脉动增亮和变暗。越亮的造父变星，其脉动的速度越慢。

▼ 通过观测星系 M100 旋臂中的造父变星，天文学家测量出了该星系与我们的距离。

▶ 在这幅艺术概念图中，蛇夫 RS 双星系统中的白矮星（右）刚刚爆发成了一颗新星。

▼ 1901 年，当英仙新星爆发时，一个小型的膨胀星云被吹入了太空。

▲ 来自伴星的物质会在白矮星的表面堆积起来，直到引发热核链式反应。

视觉之旅：神秘的星际空间　彩色典藏版／修订版

新星爆发

1975 年，世界各地的天文爱好者都在天鹅座中看到了一颗新的恒星。天鹅新星 1975 是近几十年来夜空中出现的最亮的新星之一。不过在现实中，它根本不是一颗新的恒星：新星是平时暗弱且难以看到的恒星所发生的强大爆发的产物。

新星爆发会出现在已演化了很长一段时间的双星系统中。一开始，两颗或多或少类太阳的恒星相互绕转，其中质量大的演化较快。在生命的尽头，它会膨胀成一颗红巨星，把外部气体包层抛射入太空，最终成为一颗小而致密的白矮星——质量比太阳大，但体积还不及地球。

此后，这颗白矮星伴星也会膨胀成一颗红巨星。来自这颗恒星的物质，主要是氢和氦，会被白矮星吸引并在其表面累积。致密白矮星的强大引力场会不断挤压越来越厚的氢气层，直到触发热核链式反应。这就是一颗新星的爆发。在新星爆发后，整个过程会重新开始。一些"再发"新星每过几十年就会爆发；其他的间隔时间则长多了。在银河系每年估计会发生几十次新星爆发，其中有一些可以用肉眼看见。

▶ 麒麟 V838 在 2002 年发生了大规模的爆发，在其周围可以看到回光现象。

小档案

名称： 天蝎 X-1，
　　　　天蝎 V818
星座： 天蝎座
天空位置：
　　赤经 16h 19m 55s
　　赤纬 −15° 38.4'
星图： 12
距离： 9 000 光年
亮度（可见光）： 12.2 等
双星周期： 18.9 小时
质量： 0.4 / 1.4 × 太阳
光度（X 射线）：
　　60 000 × 太阳

X 射线的惊喜

19 62 年，美国天文学家发射了一枚载有盖革计数器的探空火箭。当时天文学家已经知道太阳会发出高能 X 射线，他们还想知道月球是否也是如此。然而，他们却在天蝎座中发现了一个远在太阳系之外的明亮 X 射线源。

这个天体被称为天蝎 X-1，是一颗距离地球约 9 000 光年的 X 射线双星。双星的两颗子星中的一颗是相对普通的恒星，质量约为太阳的一半。但是，另一颗却是极其致密的中子星，它是超新星爆炸的幸存者。凭借强大的引力，这颗中子星会从伴星处吸引物质。这些气体的温度会升高到难以想象的程度，进而辐射出 X 射线。

除了天蝎 X-1 这样的小质量 X 射线双星（其输质星的质量与太阳相当）之外，还有大质量 X 射线双星系统。它们由一颗高温大质量恒星和一颗中子星或黑洞组成。强劲的恒星风会把物质从大质量恒星上带到其致密的伴星上。

最著名的大质量 X 射线双星是位于天鹅座的天鹅 X-1，对其可见巨星（被称为 HDE 226868）周期性位移的测量结果显示，它有一颗质量为太阳 15 倍的伴星在以 5.6 天的周期绕其转动。它几乎毫无疑问是一个黑洞。观测到的 X 射线正是被黑洞吞噬的气体所发出的。

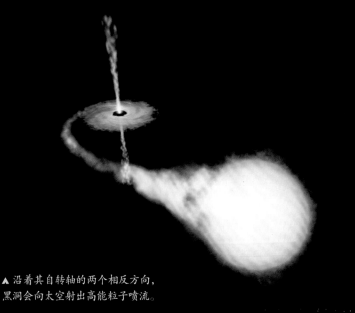

▲ 沿着其自转轴的两个相反方向，黑洞会向太空射出高能粒子喷流。

▼ 在落入黑洞之前，高温气体会在一个高速自转且会发出X射线的吸积盘中积聚。

▼ 对圆规X-1的射电（紫色）和X射线（蓝色）观测显示，其年龄不超过4 600年，是已知最年轻的X射线双星。

071

恒星和行星

小档案

名称： 天鹅 X-1，
HDE 226868

星座： 天鹅座

天空位置：
赤经 19h 58m 22s
赤纬 + 35° 12.1'

星图： 7

距离： 6 100 光年

亮度（可见光）： 8.9 等

双星周期： 5.6 天

质量： 30 / 14.8 × 太阳

光度（可见光）：
350 000 × 太阳

▲ 对 X 射线双星 GRO J1655-40 的观测表明，在流向黑洞的气体中有30%会被重新吹回太空。

搜寻行星

几个世纪以来，天文学家们一直怀疑在其他恒星周围也存在着行星。新生恒星周围原行星盘的发现表明，行星系统的形成是一个相对"普通"的过程。然而，直到1995年天文学家才发现了第一颗真正的太阳系外行星。从那时起，已有超过2 000颗外星行星得到了确认，我们也知道半数以上的恒星都拥有一颗或多颗行星。

围绕另一颗恒星转动的行星通常太小也太暗弱而无法被观测到。天文学家们迄今仅成功地拍摄到了为数不多的几颗外星行星，不过还可以通过间接方法来推断出它们的存在。一颗大质量外星行星的引力会导致其宿主恒星在天空中的位置发生周期性的"晃动"。利用星光的多普勒效应可以看到这些往复运动，还可以计算出该行星的质量。

美国的开普勒空间望远镜使用凌星方法已发现了大量的外星行星：如果我们从侧向看一颗外星行星的轨道，这颗行星就会从其宿主恒星前方经过，造成后者的亮度出现周期性的微弱降低。亮度降低的程度反映了这颗行星的直径。如果这颗行星的质量已由多普勒效应得到，那么就可以确定出它的密度和成分。

通过测量宿主恒星位置的微小周期性变化，于2013年12月发射的欧洲空间局盖亚空间望远镜预计将发现数以万计的外星行星。利用微引力透镜也可以发现外星行星。

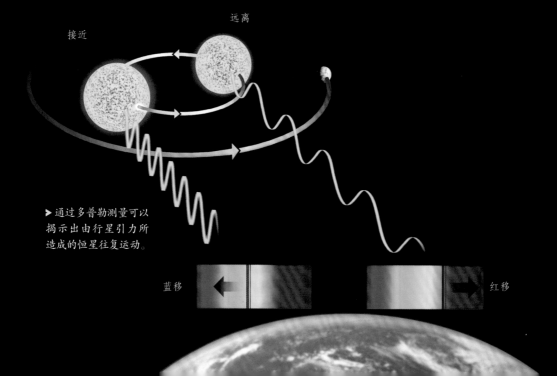

远离

接近

▶ 通过多普勒测量可以揭示出由行星引力所造成的恒星往复运动。

蓝移

红移

▼ 开普勒空间望远镜一直盯着超过15万颗的恒星，来搜寻因行星凌星而导致的它们亮度的周期性变化。

▲ 当行星从其宿主恒星前方经过时，它会遮挡后者的一小部分星光。

▲ 欧洲空间局的盖亚空间望远镜有望通过精确测量恒星的位置发现数以万计的外星行星。

恒星和行星

小档案

名称： 飞马 51

星座： 飞马座

天空位置：

　　赤经 22h 57m 28s

　　赤纬 + 20° 46.1'

星图： 2

距离： 51 光年

亮度： 5.5 等

行星： 飞马 51b

　　（柏勒洛丰）

到恒星距离：

　　7 800 000 千米

公转周期： 4.23 天

质量： 0.47 × 木星

> 2011 年 7 月，热类木星 HAT-P-7b 成为了哈勃空间望远镜观测的众多科学目标之一。

视觉之旅：彩色典藏版（修订版）

神秘的星际空间

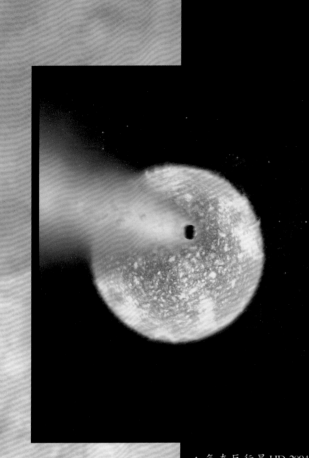

▲ 气态巨行星 HD 209458b 过于靠近其宿主恒星，正在慢慢地被蒸发。

▶ 在一些热类木星的大气层中已发现硅尘云。

热类木星

瑞士日内瓦大学的米切尔·梅厄和迪迪埃·克洛茨简直不敢相信自己的眼睛。1995 年，在距离地球约 50 光年且用肉眼就能看见的恒星飞马 51 周围，他们发现了一颗质量达木星一半的巨行星。木星距离太阳数亿千米，公转周期近 12 年，而这颗新发现的行星距其宿主恒星不到 800 万千米，公转周期不超过 4.3 天。

飞马 51b（在普通恒星周围发现的第一颗太阳系外行星）被发现后，天文学家又发现了其他几十颗"热类木星"，其中一些的轨道周期还不到 1 天。另一些则被宿主恒星加热到了令常人难以想象的地步，已经"肿大"或正在慢慢蒸发。在许多情况下，它们的温度都超过了 1 000 摄氏度。对一些热类木星，天文学家已能够确定它们的大气成分，甚至还能测出其风速。

现在已经清楚的是，热类木星相对罕见。但相对于轨道较大、质量较小的行星而言，它们更容易被发现。它们很可能形成于距其宿主恒星较远的地方，然后由于原行星盘中气体和尘埃的阻尼作用而逐渐向内迁移。

奇异的行星

热类木星——有着极小轨道的气态巨行星——并非唯一超乎想象的外星行星。天文学家对其他恒星周围行星的搜寻工作揭示出了一个具有令人难以置信的多样性的奇异世界，而且尚不知其尽头在何方。相比宇宙中其他大多数行星系统，我们的太阳系实在是相当平淡。

一些巨行星可以有着 2 倍于木星的直径，比多数的褐矮星和红矮星都大。其他的行星则相当致密，有着极高的密度，表明它们含有可观的金属或者压缩的碳（即钻石）。有些行星其大小和质量都与地球相当，但却因太靠近其宿主恒星而表面被熔岩海所覆盖。此外还有"桑拿"行星，具有过热的全球性海洋以及富含高温水蒸气的大气层。

最特别的行星可能当属围绕脉冲星（超新星爆炸后留下的高速转动残骸）转动的小型行星了。第一颗脉冲星行星发现于 1992 年，当时还没有发现"普通"恒星周围存在行星的确凿证据。它们可能形成于超新星爆炸向外抛射的物质，不过没有人确切知道。即便最富想象力的科幻作家或许也从未想到过会有如此多样的外星行星，这至少彰显了一点：大自然的创造力几乎没有任何极限。

视觉之旅·神秘的星际空间
彩色典藏版·修订版

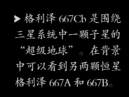

▶ 格利泽 667Cb 是围绕三星系统中一颗子星的"超级地球"。在背景中可以看到另两颗恒星格利泽 667A 和 667B。

◀ 开普勒 -36 系统中的两颗行星靠得如此近，其中一颗会在另一颗的天空中大得惊人。

▼ 开普勒 -10b 是被发现的第一颗岩质太阳系外行星。它非常靠近其宿主恒星，使其表面被熔岩所覆盖。

▶ 开普勒-186f 是一颗与地球极为相似的行星，位于一颗红矮星的宜居带内。

地球的孪生姐妹

地球有多独特？这是一个必须要由美国开普勒空间望远镜"回答"的问题。通过多年不断地监视超过 15 万颗恒星，"开普勒"使用凌星方法发现了数千颗候选星。天文学家现在终于可以对银河系中类地行星的数目做出可靠的统计估计了。

像地球这样较小的行星很难被探测到。它们很难使其宿主恒星来回运动，而且如果从宿主恒星前方经过，它们所能遮挡的星光也很少。"开普勒"只发现了少量和地球大小相当的外星行星。在一些情况下，已可以确定它们具有铁核和岩石地幔。

如果这些行星是在围绕红矮星公转的话，那么它们会显得比较突出。由于红矮星比类太阳恒星小得多，在凌星的过程中一颗类地行星所能遮挡星光的比例就会较大。加上红矮星的质量比太阳小得多，其周围行星引力在它们身上所施加的"晃动"作用也会更强。

不过，外星行星研究的"圣杯"仍是发现另一个地球：有着和地球大致相同的直径、质量和组成成分，绕一颗类太阳恒星公转，有水且适宜生命生存。仅在银河系中，就一定有几十亿颗这样的行星。

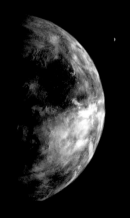

◀ 在红矮星格利泽 581 周围有 3 颗行星，其中包括一颗"超级地球"（前景中）。

▶ 开普勒-20e（左一）和开普勒-20f（右一）与金星（左二）和地球（右二）的大小相当。
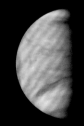

外星行星

　　除了个别例外，外星行星都是通过间接手段被发现的。如果我们想了解一下这些神秘的行星看起来会是什么样子的，就不得不求助于艺术家的想象。他们总是会根据已有的最佳天文数据来小心谨慎地绘画。这几页将会显示一些我们地球遥远的表兄弟。

▲ 科罗 −7b 是极为靠近一颗类太阳恒星的岩质行星。它的表面温度约为 2 000 摄氏度。

▶ 开普勒 −20e 是一颗小型的岩质行星，正在经受其近距离宿主恒星的炙烤。

▼ 在凌星的过程中，一些星光穿过了外星行星 HD 209458b 的大气，使地球上的天文学家能够研究其组成成分。

视觉之旅：神秘的星际空间　彩色典藏版／修订版

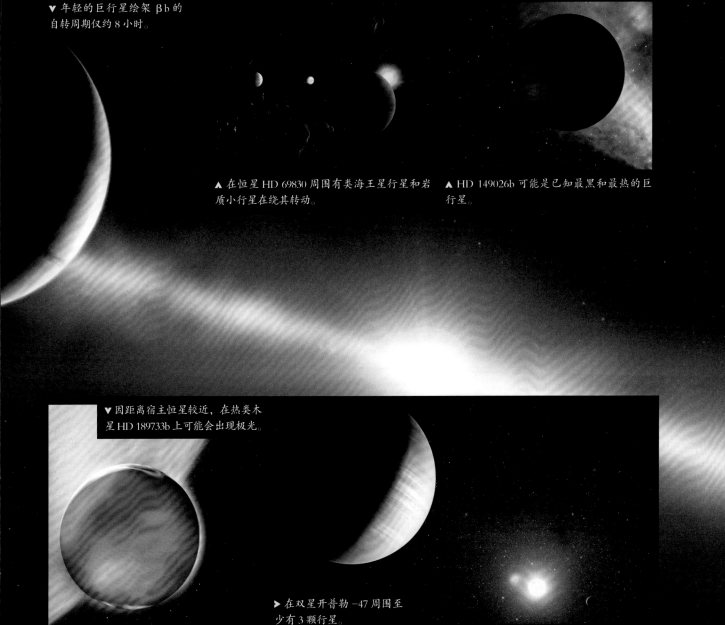

▼ 年轻的巨行星绘架 βb 的
自转周期仅约 8 小时。

▲ 在恒星 HD 69830 周围有类海王星行星和岩
质小行星在绕其转动。

▲ HD 149026b 可能是已知最黑和最热的巨
行星。

▼ 因距离宿主恒星较近，在热类木
星 HD 189733b 上可能会出现极光。

▶ 在双星开普勒 -47 周围至
少有 3 颗行星。

名称： 巨蟹 55，巨蟹 ρ 1

星座： 巨蟹座

天空位置：

赤经 08h 52m 36s

赤纬 + 28° 19.9'

星图： 4

距离： 40 光年

亮度： 6.0 等

行星： 巨蟹 55b/c/d/e/f

到恒星距离：

2 300 000 千米

（巨蟹 55e）

公转周期：

0.74 天（巨蟹 55e）

质量：

0.6×地球（巨蟹 55e）

行星家族

行星是"社会动物"。如果在一颗恒星周围发现了一颗行星，那发现更多行星的概率会很高。一个系统中两颗或多颗行星的引力会使恒星的速度出现错综复杂的变化。如果我们从侧向来观看一个遥远的行星系统，会看到多颗行星从恒星面前经过，每一颗行星都有自己的轨道周期。

在恒星巨蟹 55 周围我们迄今已发现了 5 颗行星。巨蟹 55 是位于巨蟹座的类太阳恒星，距离地球 40 光年。这 5 颗行星中有 4 颗到巨蟹 55 的距离小于水星到太阳的距离，第 5 颗行星的轨道则和金星的相当。其中距离宿主恒星最近的是一颗"超级地球"，大小和质量分别是地球的 2 倍和 8 倍。

开普勒 –11 的行星系统和巨蟹 55 的一样小而紧凑。它包含 6 颗会发生凌星的行星。开普勒 –90 周围则发现了不下 7 颗行星，位于其最外围的一颗气态巨行星有着和地球大致相同的轨道。

虽然到目前为止已发现的行星系统都非常紧凑，但这并不意味着行星相对广泛分布的太阳系是独一无二的。我们现有的技术根本无法探测到这类尺度较大的行星系统。

视觉之旅：神秘的星际空间 彩色典藏版/修订版

▶ 除了我们自己的太阳系之外，迄今已知最富饶的行星系统是 HD 10180，它至少拥有 7 颗行星，甚至可能有 9 颗。

▶ 有 6 颗行星围绕着类太阳恒星开普勒 –11。它们都会发生凌星，有时会出现 3 颗行星同时凌星的现象。

▶ 可能富含水的"超级地球"开普勒 –22b 位于其宿主恒星的宜居带内。

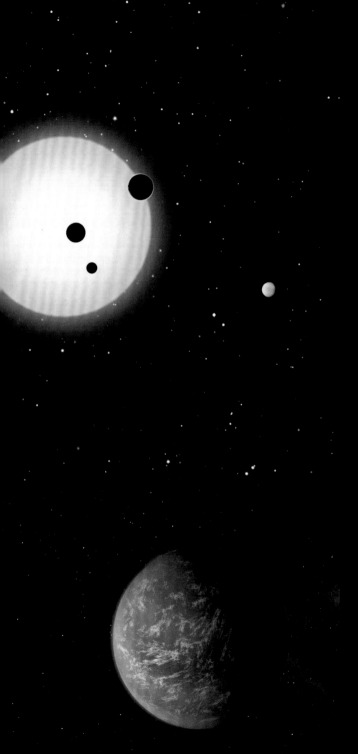

宜居行星

如果一颗行星距离其宿主恒星太近，就会温度过高而不适宜生命存活。如果距离太远，就会变得太冷。我们所知的生命只能生活在一颗恒星周围相对狭窄的"宜居带"内，那里的温度不高也不低，正好适合液态水存在。我们太阳系的宜居带从地球轨道内侧向外几乎可以延伸到火星轨道。

每颗恒星都有自己的宜居带。相比于类太阳恒星，对于小而暗的矮星来说，其宜居带会更靠近它；而对于高温的巨星来说，宜居带就会远得多。但对于每颗恒星而言，能够计算出在哪个位置上可以让某颗行星变得宜居。

天文学家已经发现有相当多的外星行星都位于其宿主恒星的宜居带内。在许多情况下，它们都是气态巨行星，没有海洋。但如果这其中一颗行星具有一颗或多颗卫星，这些卫星也许就能承载生命。一些类地外星行星也被发现位于其宿主恒星的宜居带内，但后者都是暗弱的红矮星。

天文学家估计，1/5 的类太阳恒星在其宜居带内拥有一颗小型的岩质行星。这些行星将会是地球真正的孪生姐妹，但仍有待去发现。

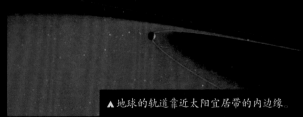

▲地球的轨道靠近太阳宜居带的内边缘

恒星的死亡

虽然要花一段长得难以想象的时间，但在某个时候，恒星都会迎来其生命的终点。它从宇宙舞台消失的方式主要由它的质量来决定。例如，一颗小型的小质量矮星其氢储备可以维持几百亿年或几千亿年，因为它内部核聚变反应的速度很慢。最终，它会逐渐冷却并停止产能。

类太阳恒星则会产生相对较为壮观的景象。仅 100 亿年后，它就会膨胀成一颗红巨星，向太空吹出会不断膨胀的"行星状星云"。在这之后，它会收缩，直到变成一颗致密而高温的白矮星，就像行将熄灭的火堆，它会变得越来越暗，温度也越来越低。

大质量恒星才是"重头戏"。它们的死亡是宇宙的奇观，即便在宇宙最遥远的角落也能看到它们灾难性的超新星爆炸。这些巨星的残骸甚至都不会默默地离开，它们会变成在宇宙中疾驰的高速自转脉冲星，或者是坍缩成危险的黑洞。

垂死恒星会把一些物质吹入太空，这些物质富含核聚变反应所产生的重元素，从中会形成新的恒星和行星。如果没有类太阳恒星的死亡抗争和猛烈的超新星爆炸，就永远不会演化出像地球这样生机勃勃的行星。

◀γ射线暴是高速自转大质量恒星死亡的信号。

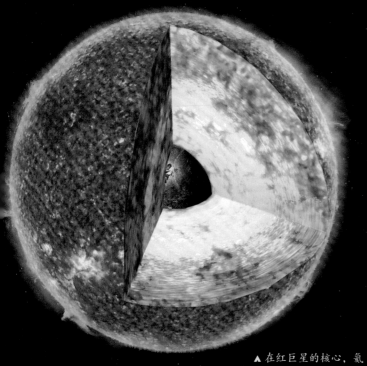

▲ 在红巨星的核心，氦原子核会聚变成碳和氧。

臃肿的巨星

类太阳恒星通过其内部的核反应产生能量。那里的压强和温度极高，使氢原子可以融合成氦原子。然而，不管一颗恒星有多大，其核心处的氢储备总是有限的。随着氦越来越多，这一聚变反应最终会停止。一旦发生这种情况，恒星就会在自身的引力下开始坍缩。它的密度和温度会升高，在其氦核周围的壳层中氢聚变又再次开始。

在这一壳层中的燃烧现象会使恒星膨胀到 10 倍于太阳的巨大尺度。虽然它会产生大量的能量，但能量会从大得多的表面辐射入太空，从而使该恒星的表面温度维持在 3 000 ~ 4 000 摄氏度。结果是形成一颗红巨星：大而明亮但温度相对较低的恒星。

不过，在红巨星的核心温度会大幅升高，当达到 1 亿摄氏度时，氦原子就会开始聚变成碳。对类太阳的小质量恒星来说，这一氦聚变会突然发生，造成高能"氦闪"；对于大质量恒星来说，它会渐渐地进行。最终，整个过程会重演：核心的氦耗尽，恒星收缩，压强和温度升高，氦开始在外壳中燃烧，进入新的红巨星阶段。

视觉之旅：神秘的星际空间

彩色典藏版/修订版

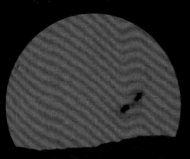

▲ 红巨星会在被其炙烤下的行星天空中显得无比巨大。

▶ 恒星的比例：相比于蓝巨星、红巨星和红超巨星，我们的太阳简直微不足道。

心宿二

参宿七

太阳

大角

天狼星

参宿四

螺旋星云中的"彗星"

宝瓶座中的螺旋星云是天空中最大的行星状星云。这主要是由于它到地球的距离只有大约 700 光年，同时也因为其年龄相对较老，约 11 000 年。目前，它仍在以约 30 千米每秒的速度膨胀。而它的直径目前约为 2.5 光年，比太阳到其最近恒星距离的一半多一点。

哈勃空间望远镜在 20 世纪 90 年代所拍摄的螺旋星云的精细图像，显示出了成千上万奇怪的气体丝状结构，有着头部和尾部，看起来就像蝌蚪。它们的尺度与太阳系相当，是从星云中心部分被抛射出的气体凝聚而成的。在中央恒星星风的撞击下，它们形成了彗星状的迷人结构，其尾部沿着径向从中心向外延伸。

在许多其他的行星状星云中也已发现了类似的"迷你彗星"。不难想象，其中一些会在自身的引力下坍缩形成小型的类木行星或者低温的褐矮星，不过这目前还仅仅是猜测。

对螺旋星云的研究表明，它并非如最初人们所想的是一个单一的环形气体星云。它似乎还有第二个环或者壳层，几乎与第一个环成直角，这是如何形成的目前仍不清楚。温度高达 120 000 摄氏度的中央恒星也许是一颗双星，这个星云的复杂结构也许是它们复杂引力相互作用的结果。

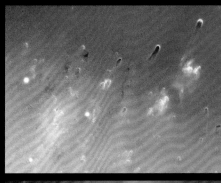
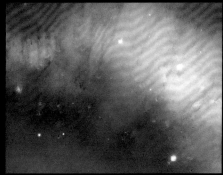
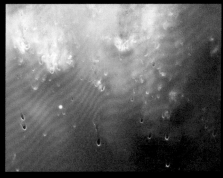
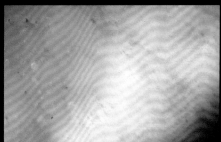

▶ 螺旋星云中蝌蚪形的气体结构看上去像彗星，但它们要大得多，几乎和太阳系相当。

小档案

名称： 螺旋星云，
　　　NGC 7293
星座： 宝瓶座
天空位置：
　　赤经 22h 29m 39s
　　赤纬 −20° 50.2'
星图： 8
距离： 700 光年
直径： 2.5 光年
年龄： 11 000 年

行星状星云

犹如这几页上的照片所示，行星状星云都有着惊艳的色彩且大致呈对称的圆形。它们是宇宙中最迷人的天体之一，但却总是与类太阳恒星的死亡相随。它们的寿命最多为 2 万年，是宇宙中短暂可见的安魂曲。

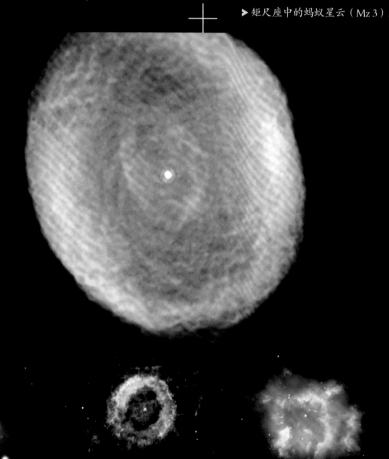

➤ 矩尺座中的蚂蚁星云（Mz 3）。

➤ 苍蝇座中的旋涡行星状星云（NGC 5189）。

➤ 天兔座中的滚筒仪星云（IC 418）。

▲ 豺狼座中的"矩形"行星状星云（IC 4406）。

▲ 蛇夫座中的小鬼星云（NGC 6369）。

▲ 天坛座中多彩的行星状星云 NGC 6362。

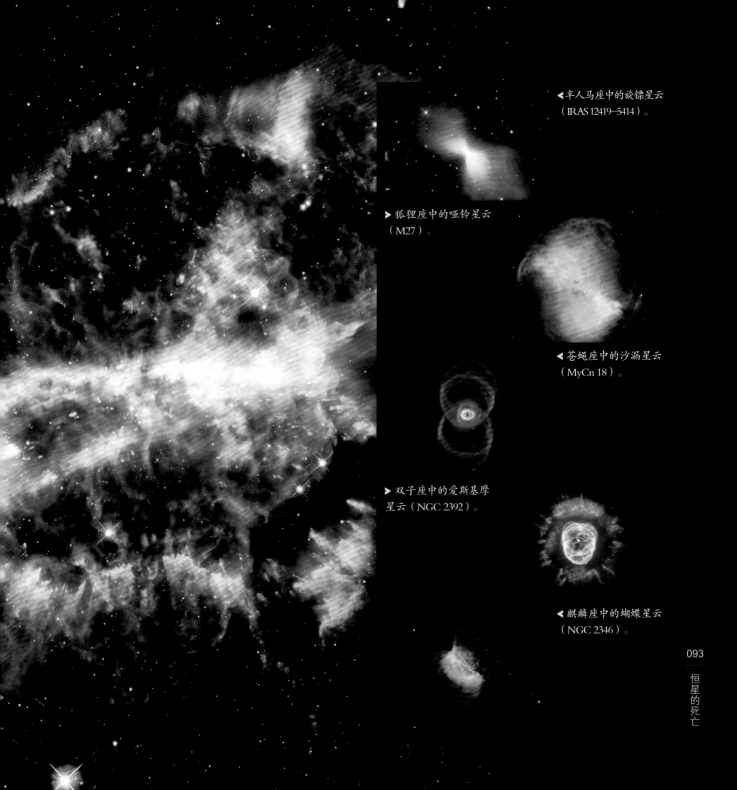

◀半人马座中的旋镖星云
（IRAS 12419−5414）。

▶狐狸座中的哑铃星云
（M27）。

◀苍蝇座中的沙漏星云
（MyCn 18）。

▶双子座中的爱斯基摩
星云（NGC 2392）。

◀麒麟座中的蝴蝶星云
（NGC 2346）。

恒星的死亡

简并矮星

在几十亿年后，当核心处的氢耗尽时，太阳会膨胀成一颗红巨星并将其气体包层抛射入太空，形成行星状星云。就像在其他行星状星云中所发现的，它的中心会留下一颗小而致密的高温白矮星。

白矮星基本上就是一颗类太阳恒星的坍缩核心。这个核心主要由碳和氧原子构成，但它的温度绝不会高到能够点燃新的聚变反应，然而，在其自身引力的作用下，这个碳－氧核心内的压强会急剧增大。原子会被严重挤压，构成它的原子核和电子会紧紧贴在一起。这种"简并"物质具有难以想象的高密度，每立方厘米可达几百吨。

年轻白矮星的表面温度为几万摄氏度。不过，它们都相当小（不比地球大多少），因此它们辐射出的光很少：绝大多数的光度只有太阳的千分之一。在数百亿年的时间里，它们会慢慢冷却，成为冰冷而漆黑的黑矮星。

距离我们最近的白矮星是冬季亮星天狼星的伴星天狼星 B，它距离地球 8.6 光年。天狼星 B 发现于 1862 年。近距恒星南河三和波江 40 也都拥有白矮星伴星，而在银河系中还游荡着数以百万计的孤立白矮星。这其中最近的离地球只有 14 光年远，由荷兰裔美国天文学家阿德里安·范马南于 1917 年发现。

▲ 在这幅哈勃空间望远镜所拍摄的天狼星图像中，可以看到位于左下角的白矮星天狼星 B。

◀ 在船尾座行星状星云 NGC 2440 的中心，有一颗温度极高的白矮星。

▶ 白矮星的质量可能比太阳还大，但大小却与地球相仿。

横空出世

质量比太阳大得多的恒星会以灾难性的超新星爆炸的壮观形式结束其短暂的一生。在氢聚变成氦、氦聚变成碳和氧之后，在恒星温度极高的内部会发生更多的核反应，从而导致氖、硅、镁等原子的形成。所有这些聚变反应所释放的能量都可以抵御恒星自身的引力。

一旦稳定的铁原子核形成，核聚变反应就会停下来。这颗恒星就会在其自身引力的作用下坍缩，引发难以想象的巨大爆炸，甚至在几十万光年之外都能用肉眼看见。这一超新星看起来就像在天空中出现的一颗新的恒星。

质量稍小的恒星也可以发生超新星爆炸。例如，双星系统中的一颗白矮星可以从它的伴星处吸引物质。如果它之后质量增大到太阳的 1.4 倍，就会在自身的引力作用下坍缩并爆炸成一颗超新星。同样，如果两颗白矮星相互绕转、逐渐靠近并最终发生碰撞的话，也会引发超新星爆炸。

平均每秒在宇宙中的某个地方就会发生一次超新星爆炸。在银河系中，据估计每个世纪会发生几次。但它们大多都会因黑色尘埃云的遮挡而无法被看见。

▲ 超新星爆炸过程中会在之前被这颗垂死恒星所抛射出的气体中炸出一条去路。

◀ 星系 NGC 4526 中的超新星 1994D 几乎与其宿主星系的核心一样明亮。

名称：超新星 1987A
星座：剑鱼座
天空位置：
　　赤经 05h 35m 28s
　　赤纬 –69° 16.2'
星图：14
距离：168 000 光年
恒星质量：20 × 太阳
爆炸日期：1987年2月24日
膨胀速度：7 000 千米每秒
峰值亮度：2.9 等

> 哈勃空间望远镜拍摄的超新星 1987A 神秘环形结构迄今最精细的图像。

> 在这幅大麦哲伦云的壮观影像中，超新星 1987A 是最明亮的恒星。位于左上角的是蜘蛛星云。

▲ 超新星 1987A 三维模型中的明亮环形结构是由其喷出物与周围的星际气体相互作用所形成的。

视觉之旅：神秘的星际空间 彩色典藏版 修订版

巨大的参宿四

红巨星很大，而红超巨星更大。这些恒星的尺度和质量本来就比太阳都大得多，在氦燃烧阶段，它们会愈发膨胀。红超巨星的最有名例子是明亮的恒星参宿四（源于阿拉伯语 Yad al-Jauza，意为"巨人的肩膀"），位于猎户座，距离地球 640 光年。

参宿四的直径是太阳的 1 000 多倍。如果把这个庞然大物放到太阳的位置上，它的表面会延伸到木星的轨道之外。参宿四甚至都不是最大的超巨星。因距离太远而无法用肉眼看见的红巨星天鹅 NML 直径是太阳的 1 650 倍，直径为 23 亿千米。

参宿四是一颗相对年轻的恒星。不到 1 000 万年前它诞生于猎户星协中，它目前正在以大约 30 千米每秒的速度离开那里。由于质量巨大——估计为太阳的 10 ～ 30 倍——它演化得非常迅速。它已吹出了强劲的星风，将"很快"爆炸成超新星。

这一爆炸可能已经发生了。例如，如果参宿四在 1600 年发生了爆炸，那它所发出的光将直到 2240 年才能抵达地球。届时，这颗爆炸中的恒星会比满月还要明亮。

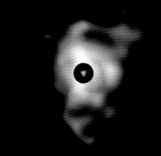

▲ 欧洲甚大望远镜的红外观测揭示了由参宿四所抛射出的星云气体。

▲ 通过干涉测量技术，天文学家已观测到了参宿四表面的亮斑。

小档案

名称： 参宿四，猎户 α

星座： 猎户座

天空位置：

　赤经 05h 55m 10s

　赤纬 +07°24.4'

星图： 3

距离： 640 光年

亮度： 0.4 等

质量： 10~30×太阳

直径： 1 100×太阳

光度： 120 000×太阳

年龄： 800 万年

恒星的死亡

▲ 在美国国家航空航天局的大视场红外巡天探测器（WISE）所拍摄的这幅伪彩色红外图像中，参宿四是位于左下角的那颗明亮恒星。

╋

小档案

名称： 指环星云，M57
星座： 天琴座
天空位置：
　赤经 18h 53m 35s
　赤纬 +33° 01.8'
星图： 7
距离： 2 300 光年
直径： 2.5 光年
年龄： 7 000 年

╋

天琴座中的指环

18 世纪 80 年代，英国天文学家威廉·赫歇尔偶然发现了一些小而圆的模糊斑点。它们让他想起了他于 1781 年发现的遥远天王星在望远镜中的样子。他把它们称为行星状星云。尽管我们现在知道这些气体壳层和环与行星毫无关系，但这个名称沿用至今。

行星状星云是类太阳恒星在其生命终点时所抛射出的膨胀气体外壳。这些气体会被由中央恒星所发出的高能辐射加热。在大多数情况下，其中心是致密而高温的白矮星。蓝绿色是由发光的氧原子所产生的，红色则来自氢和氮。

指环星云位于天琴座，由法国天文学家安托万·达基耶尔·德佩尔普瓦克斯于 1779 年发现，是天空中最著名的行星状星云之一。于是在 1864 年，它成为了第一批用分光镜来研究其成分的行星状星云之一。测量结果毫无疑问地显示，这些星云由温度极高的气体组成。

指环星云目前正以 20 ～ 30 千米每秒的速度在不断膨胀。根据这一膨胀速度，可以推断出该星云形成于约 1 600 年前。在几千年之后，这个星云就会变得难以看见，因为它稀薄的气体会冷却并扩散到星际空间里。

视觉之旅：神秘的星际空间

彩色典藏版／修订版

▶ 哈勃空间望远镜拍摄了这幅天琴座中著名的指环星云的精细图像。

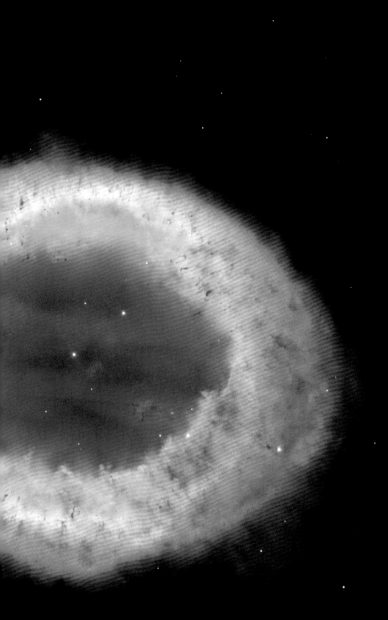

▲ 长时间曝光的照片揭示出了远在主环之外的稀薄物质壳层。

▲ 威廉·赫歇尔创造了"行星状星云"这个词，它们圆形的外表让他想起了行星暗弱的圆面。

恒星的死亡

小档案

名称： 猫眼星云，
　　　NGC 6543
星座： 天龙座
天空位置：
　　赤经 17h 58m 33s
　　赤纬 +66° 38.0'
星图： 1
距离： 3 300 光年
直径： 0.3 光年（内部）
年龄： 1 000 年

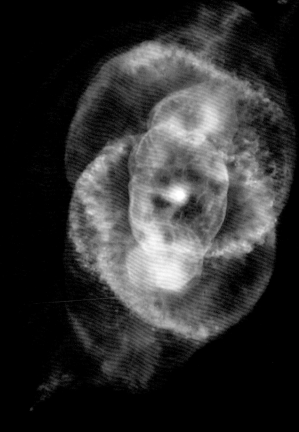

视觉之旅：神秘的星际空间

彩色典藏版／修订版

猫的眼睛

1786 年，在北天高空的天龙座中，威廉·赫歇尔发现了一个行星状星云，现在被称为猫眼星云。通过哈勃空间望远镜所拍摄的宏伟细致图像，它在今天已变得众所周知。这个星云相当年轻—— 1 000 年左右，距离地球约 3 300 光年，在夜空中只是一个小天体。

猫眼星云让人如此着迷的是它周围的一系列暗弱的同心气体壳层，这些物质可能是其中央恒星在早些时候抛射入太空的，抛射的时间每隔几百年到几千年不等，不过天文学家们对它确切的成因仍有疑问。但是，他们知道的是，这颗恒星仍具有极其强劲的星风，每秒会流失 200 亿吨的物质！

和其他许多行星状星云不同，这颗中央恒星并不是白矮星，而是一颗巨大的沃尔夫－拉叶星，其光度是太阳的 10 000 倍，表面温度为 80 000 摄氏度。

猫眼星云已被证明还有更多惊喜带给我们。美国国家航空航天局的钱德拉 X 射线天文台在其中心发现了超高能 X 射线源。中央恒星的气体会被其伴星俘获并加热到高温，进而发出这些辐射。一颗看不见的伴星同时还可以解释该星云复杂的结构。

▼ 位于加那利群岛拉帕尔马的北欧光学望远镜在远离该星云明亮中心的地方探测到了星云状的细丝。

▲ 在这幅伪彩色图像中，该星云中心的明亮 X 射线源用蓝色表示。

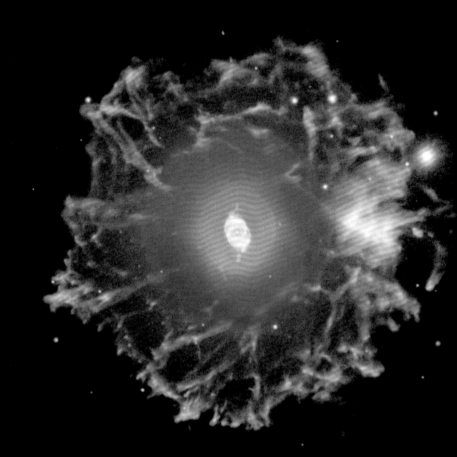

◀ 哈勃空间望远镜拍摄的这幅图像展现了猫眼星云的美丽对称性。

➤ 位于智利的欧洲南方天文台可见光
和红外天文巡天望远镜（VISTA）拍
摄了这幅螺旋星云的精细近红外图像。

▲ 如果从侧面看螺旋星云，会发现它的第二个
环几乎垂直于第一个环。

最近的爆炸

1987 年 2 月 24 日，在智利坎帕纳斯天文台工作的伊恩·谢尔顿在天空中看到了一颗不属于所在位置的星星。他提醒了他的同事，并很快得到确认，这是一颗超新星。这颗超新星并不位于银河系而是在大麦哲伦云中，后者是银河系的伴星系，距离我们 168 000 光年。

超新星 1987A 的爆炸是历史上被研究得最细致的恒星爆炸。地面上和空间中的望远镜对其行为进行了长达好几个月的监视。档案照片显示，在爆炸过程中超新星 1987A 的前身，恒星桑杜列克 –69202 已荡然无存。值得注意的是，这颗星（桑杜列克 –69202）是一颗蓝超巨星，而不是红巨星。地下实验室的特殊探测器记录下了来自这个超新星的中微子——幽灵般的基本粒子，没有电荷且质量极其微小，它们直接来自该恒星坍缩的核心。

爆炸发生几个月后，可以在爆炸恒星周围看到荧光气体环。这些气体是在该恒星较早期的演化阶段被抛射入太空的，现在则受到了超新星能量的加热。在爆炸 14 年后，这颗解体恒星的气体与这些早期的气体环发生碰撞，由此产生的高温使之发出了 X 射线。2019 年，借助先进的亚毫米望远镜 ALMA，终于证实了残骸里中子星的存在。

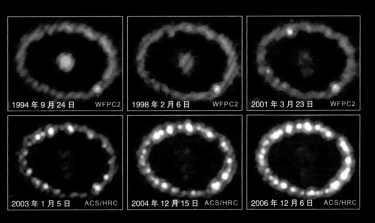

◀ 在 20 年的时间里，无数的亮点出现在了超新星 1987A 周围的气体环中。

恒星的死亡

+

小档案

名称： 第谷超新星

星座： 仙后座

天空位置：

赤经 00h 25m 18s

赤纬 +64° 09.0'

星图： 1

距离： 9 000 光年

爆炸日期： 1572 年 11 月

峰值亮度： –4 等

超新星类型： Ia

遗迹直径： 24 光年

▲ 在美国国家航空航天局的大视场红外巡天探测器（WISE）所拍摄的这幅红外图像的左上角，可以看到一个红色的壳层，它是正在膨胀的第谷超新星遗迹。

▼ 丹麦天文学家第谷·布拉赫在仙后座中发现了一颗"新的恒星"（用"I"标记）。

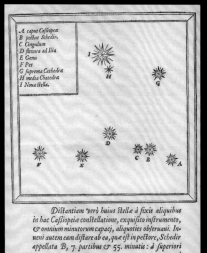

视觉之旅：神秘的星际空间

彩色典藏版（修订版）

莎士比亚的超新星？

在莎士比亚《哈姆雷特》（写于 1600 年）的开场中，哨兵勃那多和弗兰西斯科说起了一颗位于"北极星西面"的明亮恒星。据美国西南得克萨斯州立大学科学家的研究，这颗出现在仙后座的新恒星是 1572 年 11 月初全欧洲都能看到的一颗明亮超新星。它比金星还要明亮，好几个月之后肉眼依然可见。丹麦天文学家第谷·布拉赫于 1573 年发表了一篇有关它的论文，自那时起这颗爆炸的恒星就被称为第谷超新星。

在这颗超新星爆炸的过程中，其恒星的气体以近 10 000 千米每秒的速度被抛射入太空，形成了一个膨胀的气体外壳，被称为超新星遗迹。然而，直到 1952 年天文学家用射电望远镜才观测到第谷超新星遗迹，到 1960 年才拍摄到了它的首批照片。从那以后，地球周围轨道上的红外和 X 射线望远镜对其进行了细致的成像观测。

第谷超新星遗迹距离我们约 9 000 光年，直径约 24 光年。天文学家已能够确定，它并非一颗大质量巨星的爆炸，而是一颗白矮星吸积其伴星的物质超过临界质量所致。此后，观测中也发现了它的伴星。这颗伴星正在以 136 千米每秒的速度疾驰，这正是白矮星爆炸所产生的直接后果。

开普勒的因果关联

在其导师第谷·布拉赫在仙后座中看到一颗新的恒星爆炸之后 32 年，约翰内斯·开普勒则目睹了蛇夫座中的超新星爆炸。时间是 1604 年 10 月，当时开普勒是鲁道夫二世宫廷的皇家天文学家。一年后，他仍然密切关注着这颗"客星"变暗的过程，在该恒星爆炸两年后，他出版了一本有关它的书。

对于宇宙，开普勒有着各种各样的神秘想法。他认为，超新星爆炸可能是由木星和土星在一年之前于天空中差不多相同的位置出现异常的合所引发的（或"预示"的）。

开普勒经计算发现，木星和土星间类似的合还出现在了公元前 7 年。如果这也"引发"了超新星的话，或许可以解释伯利恒之星——根据《马太福音》，它预示了耶稣的诞生地点。

我们现在知道行星合和超新星之间没有关联。和 1572 年的第谷超新星一样，开普勒在 1604 年看到的超新星是由一颗距离地球约 2 万光年的白矮星发生热核爆炸所致。

美国国家航空航天局的钱德拉 X 射线天文台的测量显示，来自这一超新星的膨胀气体壳层是不对称的：有一侧的铁原子要多于另一侧，这可能是由爆炸恒星的伴星所造成的。来自这颗伴星的质量转移最终使这颗白矮星寿终正寝。

小档案

名称： 开普勒超新星
星座： 蛇夫座
天空位置：
　赤经 17h 30m 42s
　赤纬 −21° 29.0'
星图： 12
距离： 20 000 光年
爆炸日期： 1604 年 10 月
峰值亮度： −2.5 等
超新星类型： Ia
遗迹直径： 25 光年

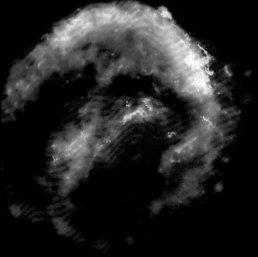

▼ 这幅开普勒超新星的合成图像综合了不同波长的观测，包括 X 射线和射电。

在这幅 17 世纪的星图上，开普勒超新星被标记为 "N"。

恒星的死亡

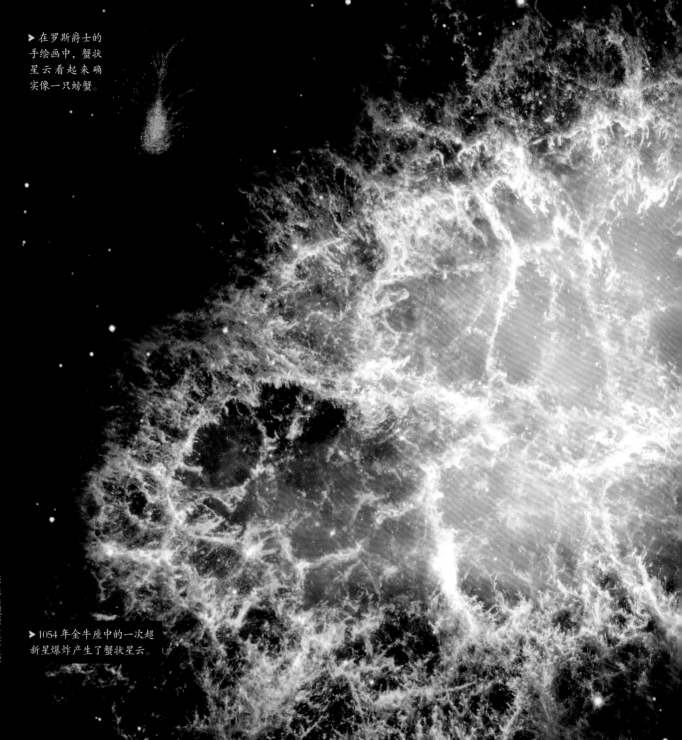

> 在罗斯爵士的手绘画中，蟹状星云看起来确实像一只螃蟹。

> 1054 年金牛座中的一次超新星爆炸产生了蟹状星云。

视觉之旅：神秘的星际空间 彩色典藏版／修订版

11 世纪的灾难

超新星爆炸是和明亮彗星以及日全食相当的壮观景象。好几百年前，埃及、中国和巴比伦的天文学家与占星家就记录下了所有这些奇怪的天象事件。例如，中国宋朝的编年史就记载了 1054 年 7 月在金牛座中出现的明亮"客星"。在几个星期的时间里，这颗"新星"即使在白天也能被看见。

1054 年超新星的遗迹已经被确定。早在 1731 年，英国天文学家约翰·贝维斯就在金牛座中发现了一个小而暗的星云。这个星云由于其醒目的形状，被称为蟹状星云，距离地球 6 500 光年，直径约 12 光年。

20 世纪初，天文学家发现蟹状星云正在以 1 500 千米每秒的速度膨胀。反过来推算，这一膨胀很明显必定始于 11 世纪中叶，在中国"客星"出现的前后。天文学家尼古拉斯·梅奥尔和扬·亨德里克·奥尔特以及汉学家戴闻达最终毫无疑问地证明，蟹状星云确实就是从 1054 年超新星爆炸出的膨胀气体壳层。

中国的编年史家目击了一颗大质量恒星最终的爆炸。1968 年天文学家发现了这颗恒星的遗迹——一颗小且极其致密的中子星。它每秒可以绕其自转轴旋转超过 30 次，在可见光、射电波和 X 射线波段发出短脉冲。使蟹状星云气体发光的主要能源便是由这颗脉冲星所发出的高能辐射。

小档案

名称： 蟹状星云，M1
星座： 金牛座
天空位置：
　赤经 05h 34m 32s
　赤纬 + 22° 00.9'
星图： 3
距离： 6 500 光年
爆炸日期： 1054 年 7 月
峰值亮度： −6 等
超新星类型： II
遗迹直径： 12 光年
自转周期：
　0.033 5 秒（脉冲星）

▶ 美国国家航空航天局钱德拉 X 射线天文台发现了高温的脉冲星风（X 射线用浅蓝色表示）。

恒星的死亡

被忽视的超新星

并不是银河系中的每次超新星爆炸都会在夜空中产生壮观的景象。300 多年前，仙后座中的一颗大质量恒星发生了爆炸，但它显然没有引起人们的注意。也许，这次爆炸被浓厚且吸光的尘埃云所遮蔽，或者这是一次不寻常的爆炸，所产生的可见光很少。

　　这一 17 世纪超新星爆炸的遗迹直到 1947 年才被发现，它是一个强大的射电源（被称为仙后 A），1950 年则发现了极其暗弱的贝壳形星云。这个气壳层的直径约 10 光年，正在以 5 000 千米每秒的速度膨胀，它到我们的距离约 10 000 光年。

　　哈勃空间望远镜、斯皮策空间望远镜和钱德拉 X 射线天文台分别在可见光、红外和 X 射线波段对仙后 A 进行了细致的研究。这个膨胀超新星遗迹的不同颜色代表了气体的不同成分。绿色代表氧，红色代表硫，蓝色则代表氢和氮。

　　工作在红外波段的"斯皮策"还发现，此次爆炸遗留下的中子星仍相当活跃。在 20 世纪中叶，它经历了高能量辐射爆发，加热了周围的尘埃云。

　　难道真的没有人看到这一恒星爆炸吗？有人确实看到了：1680 年 8 月，英国天文学家约翰·弗拉姆斯蒂德看到了一颗恒星，他称其为仙后 3，但它却再也没被别人看到过。谁知道呢？它可能是一颗被高度消光的超新星。

▶ 由约翰·弗拉姆斯蒂德所编目的恒星仙后 3 并没有出现在任何一张星图中。它可能是由超新星仙后 A 所产生的。

仙后 A

▲ 在这幅由斯皮策空间望远镜拍摄的红外图像中，白色圆圈中的高温斑点是由仙后 A 核心处的高能闪光所加热的。

名称：仙后 A

星座：仙后座

天空位置：

　赤经 23h 23m 26s

　赤纬 +58° 48.0'

星图：2

距离：10 000 光年

爆炸日期：1680 年？

峰值亮度：6 等？

超新星类型：IIb

遗迹直径：10 光年

◀ 在这个三维计算机模型中，仙后 A 超新星会抛射出硅和铁（黄色和绿色）构成的羽状物。

▲ 如这幅伪彩色合成图像所示，天文学家已在光学、红外和 X 射线波段对超新星遗迹仙后 A 进行了研究。

宇宙中的超强爆炸

些超新星爆炸所发出的辐射量与其所在的星系相当，有些甚至更多。γ射线暴在1秒内所能释放出的能量相当于太阳在100亿年内所发出的能量。它是宇宙中威力最强大的爆炸，是超大质量、高速自转恒星在其生命尽头坍缩成黑洞时所发出的"死亡呼喊"。

顾名思义，γ射线暴所发出的能量大部分是以γ射线的形式出现的。幸运的是，γ射线无法穿透地球的大气层。这些神秘的爆发直到1967年才由美国监视苏联核试验的维拉军事卫星所发现。

1997年，荷兰天文学家蒂图斯·加拉马和保罗·格罗特首次确定了γ射线暴与地球的距离。

这些令人难以捉摸的爆发被证明是发生在极遥远星系中的。这立刻就表明，它们所释放出的能量有多么巨大。

除了通常的（"长"）γ射线暴——持续时间从几秒到几分不等，还有短γ射线暴——持续时间不超过0.1秒。后者很可能是在两颗中子星碰撞合并成黑洞时所发生的。这两种爆发都会产生余辉，在好几周的时间里都可以被地面和空间望远镜观测到。

天文学家并不知道这些爆发到底是如何发生的。但可以肯定的是，近距离的γ射线暴也许能一举摧毁地球上的所有生命。

▶ γ射线暴是宇宙中威力最强大的爆炸。

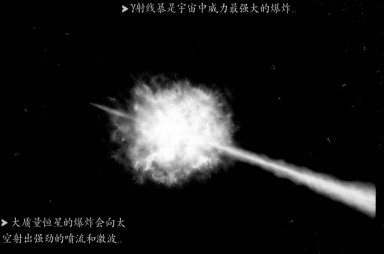

▶ 大质量恒星的爆炸会向太空射出强劲的喷流和激波。

视觉之旅：神秘的星际空间 彩色典藏版／修订版

中子球

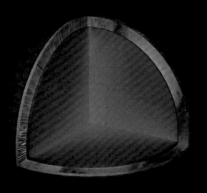

▲ 中子星的内部为超高密的液体，外部则有一个 1 000 米厚的固态壳层。

▲ 在这幅哈勃空间望远镜的合成图像中，孤立的中子星（和 X 射线源）RX J185635-3745 正在高速疾驰。

大多数恒星死亡时会变成小而致密的白矮星，但宇宙中最大质量的恒星死亡时会发生超新星爆炸，留下一个更为极端的残骸。如果一颗恒星其核心的质量超过太阳的 1.4 倍，那它气体的"简并压"将无法再抗拒引力的作用，电子会被压入原子核内，其结果是形成一颗超乎想象的致密中子星。

早在 1934 年，美国天文学家沃尔特·巴德和弗里茨·兹维基便预言了中子星的存在，但直到 20 世纪 60 年代才首次发现。现在已经确认的中子星有近 2 000 颗，其中大部分是脉冲星——快速闪烁的"射电星"。但是，对于它们的内部结构和组成，我们仍所知甚少。

中子星位居宇宙中最奇异天体之列。它们的质量大于太阳，但所有的物质都被挤压进了一个直径不超过 30 千米的球体内。因此，中子星的密度极为巨大——一茶匙的物质轻松可达约 50 亿吨，其表面重力是地球的数百倍。

当恒星坍缩成中子星时，其核心的转速会急剧增大。结果是，中子星每秒可以绕其自转轴转动几十或几百次。它们的温度也都非常高，约数百万摄氏度，所产生的辐射主要是高能量的 X 射线。

宇宙超强磁铁

1979 年 3 月 5 日，一个超高能量 γ 射线暴席卷了太阳系。多颗卫星和空间探测器观测到了这一爆发，通过三角测量，天文学家将其追溯到了大麦哲伦云中的一个超新星遗迹。此后，又观测到了一系列类似的特殊 γ 射线暴。尽管远在 5 万光年之外，但 2004 年 12 月 27 日，其中的一个却对地球大气造成了可测量的影响。天文学家认为这些爆发源于强磁星——具有超强磁场的中子星。

当一颗大质量恒星的核心坍缩时，其转速和磁场强度都会大幅增加。在磁流体力学的作用下，新生的中子星磁场强度可达 1 千亿特斯拉，是地球磁场的千万亿倍。在如此极端的强磁场下，原子都会被拉伸成细针状。即使距离这一宇宙超强磁铁 10 万千米，你信用卡中的所有信息也会被抹掉。如果你到它的距离不足 1 000 千米，那你将无法生存。

强磁星的高能量辐射主要来自其磁场的简并化，其表面的振动会导致偶然的爆发，就像发生在 1979 年 3 月 5 日的那次一样。由于磁阻尼的作用，中子星的自转速度会逐渐减慢，强磁星一般的自转速度一周需要 10 秒的时间。在它们形成后约 1 万年，原生的磁场将所剩无几。据估计，在银河系中有数以百万计"失活"的强磁星。

视觉之旅：神秘的星际空间
彩色典藏版／修订版

◀ 脉冲星会沿着其磁轴朝两个相反的方向发出辐射束。

▲ 强磁星的磁场强度是地球磁场的千万亿倍。

▼ 径红外观测，在强磁星 SGR 1900+14 周围发现了一个尘埃环。

宇宙最好的时钟

19 67年11月，当乔斯林·贝尔和安东尼·休伊什探测到来自宇宙的间隔为1.33秒的周期性射电脉冲信号时，他们一开始认为这是外星生命的迹象。他们甚至给这一神秘的宇宙信号起了个代号LGM–1，意为"小绿人"。然而，很快它就被证明是一颗高速自转的中子星。一年后，由"脉动恒星"派生的"脉冲星"这个词问世。

中子星拥有强大的磁场并绕其自转轴高速转动。转动的磁场会产生电流，带电粒子会沿着磁力线做螺旋运动，结果是，顺着其中子星的磁轴，高能粒子和电磁辐射束会被射入太空。在大多数情况下，与地球的磁场类似，中子星的磁极与其自转轴的极并不重合。这意味着，在它自转的时候，其辐射束会像灯塔一样扫过太空。如果地球位于这些光束的传播路径上，我们就会看到中子星在自转过程中产生了一个短暂的脉冲。因此，要想看到中子星的脉冲星特征，我们必须要具有合适的视角。

除了射电脉冲星，还有X射线和γ射线脉冲星，有些还会在可见光波段闪烁。双星系统中的中子星有时会因其伴星向它输运物质而获得极大的加速。它由此会成为一颗毫秒脉冲星，每秒绕其自转轴转动数百次。毫秒脉冲星的自转具有惊人的稳定性：你可以把它们当作最好的原子钟。

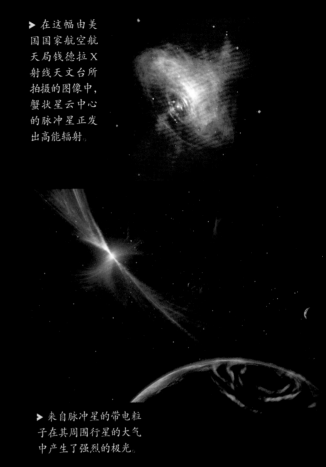

▶ 在这幅由美国国家航空航天局钱德拉X射线天文台所拍摄的图像中，蟹状星云中心的脉冲星正发出高能辐射。

▶ 来自脉冲星的带电粒子在其周围行星的大气中产生了强烈的极光。

▼ 1967年，博士研究生乔斯林·贝尔用简单的偶极子天线发现了第一颗脉冲星。

恒星的死亡

爱因斯坦脉冲星

迄今为止，最著名的脉冲星是 PSR 1913+16。1993 年，它获得了诺贝尔物理学奖，更准确地说，约瑟夫·泰勒和拉塞尔·赫尔斯获了奖。他们在 1974 年发现了这颗每秒自转 17 次的脉冲星，它位于一个双星系统中。

使用位于波多黎各直径 300 米的阿雷西博射电望远镜，泰勒和赫尔斯发现 PSR 1913+16 的脉冲到达地球时有时候会稍稍紧靠在一起，有时候则会更加分散一些。这一现象每 7.75 小时就会重复一次。他们认为，这颗脉冲星拥有一颗中子星伴星。这两个致密天体在椭圆轨道上相互绕转，平均距离为几百万千米。

在这样一个奇怪的双星系统中，阿尔伯特·爱因斯坦的广义相对论开始发挥效力。该理论预言，这一系统会以引力波的形式失去能量，这两颗中子星因此会逐渐地相互靠近。这正是对该脉冲星双星精密测量所显示的结果。这个系统的绕转周期每年会减少76.5 微秒，平均距离减小 3.5 米。大约 3 亿年后，两颗中子星会碰撞并合成一个黑洞。

与此同时，天文学家又发现了另一个中子星双星系统 PSR J0737-3039，它由两颗可见的射电脉冲星组成。该系统也和爱因斯坦的理论预言相符。通过这种方式，这些奇异的天体可以被用来在极端的情况下检验物理学理论。

视觉之旅：神秘的星际空间

彩色典藏版·修订版

▼ 两颗高速自转的脉冲星相互绕转，与此同时它们还会向太空射出物质和辐射喷流。

▶ 脉冲星双星会以引力波（以光速传播的时空涟漪）的形式流失能量，结果是，这两颗脉冲星会慢慢地盘旋着相互靠近。

▲ 黑洞诞生于宇宙的早期。这幅艺术概念图中的年轻黑洞周围没有会吸收光线的尘埃云。

◀ 在星系 NGC 300 中发现了一个恒星质量黑洞。

▲ 前景恒星的气体被绕其转动的黑洞所吸引，在掉入黑洞前它会发出 X 射线。

黑洞：光的囚笼

恒星的质量越大、致密性越高，其表面的引力场就越强。如果一颗恒星的质量大到其逃逸速度超过光速（30 万千米每秒），会发生什么？英国地质学家约翰·米歇尔早在 1783 年便问过自己这个问题。他提出存在"暗星"，其引力之强令光都无法逃脱。

根据爱因斯坦的理论，我们知道这样的暗星确实存在。它们被称为黑洞：由于自身不发出辐射因此"黑"，由于在其附近的物质会被吸入而无法逃脱，于是被称为"洞"。根据爱因斯坦的观点，光速是自然界中物质运动速度的上限。

如果一颗爆炸恒星的核心质量是太阳的 3 倍以上，那么即便是被压缩中子的核压强也无法抵御引力的作用。这颗中子星会进一步坍缩成黑洞——一个有着强大引力场的时空区域，包括光在内，没有任何物质能从那里逃逸。没有人知道在黑洞的中心是什么样子，我们的物理学理论还没有精湛到可以解释在这些黑暗的光囚笼中会发生什么。

如果位于一个双星系统中，"恒星"黑洞有时是可以间接地被看到的。它们会从其伴星处吸积物质。在掉入黑洞消失并发出高能 X 射线之前，这些气体会形成一个扁平旋转的吸积盘。

恒星的死亡

视觉之旅：神秘的星际空间

彩色典藏版〉修订版

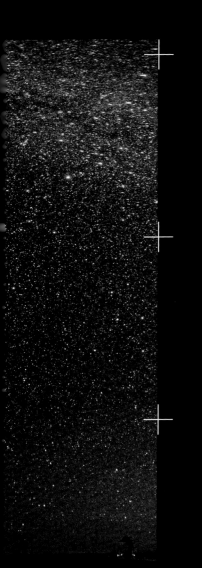

银河系

地球是绕太阳公转的 8 颗行星之一，但太阳却并不唯一，和数千亿颗其他恒星一样，它也是银河系的一部分。你可以把银河系看作一个有着数千亿居民（恒星）的巨大宇宙都会。它们中的一些过着独居的生活，但至少一半的恒星都拥有一颗或多颗行星。

银河系就其结构而言，确实和城市十分相似。有新生儿的年轻家庭住在安静的郊区，市中心附近大多数是老住户，鲜有新的恒星会在那里诞生。但市中心也是最活跃的地方，仿佛有一场疯狂的派对正在主广场上如火如荼地进行。在这里，可以见到许多离奇而古怪的居民，例如中子星、脉冲星和强磁星，遇见早期猛烈爆炸留下的痕迹——膨胀中的超新星遗迹。一个超大质量黑洞会把气体云和恒星吸进其内部，与它紧邻的由粒子和辐射组成的高能喷流会被射入太空。

幸运的是，动荡的市中心距离我们约 27 000 光年，在安全距离内。事实上，如果没有特殊的设备，我们无法看到市中心的任何细节。尘埃云会吸收大量的光，从我们所在的郊区看不了多远。

◀ 智利北部欧洲帕瑞纳尔天文台一架小型望远镜上方的拱形银河。

天空中的银河

在漆黑且没有月亮的夜晚，我们可以在天空中看到一条广阔朦胧的乳白色光带。有时它会与地平线成直角，直接从你头顶上方穿过。在其他时候，它则会斜得多，不那么明显。这条暗弱的光带就像一条腰带环绕着地球，它的一半总是位于地平线上方，另一半则位于其下方。

这一光带即银河，它的某些部分会比其他部分更加明显。最亮的区域位于人马座、天蝎座、仙后座、天鹅座和天鹰座。这些明亮的区域会被细长的黑色条带所分割。南美印第安人和澳大利亚的原住民赋予了这些"暗星座"动物的形象，例如蟾蜍、蛇、美洲驼或鸸鹋。

▼ 整个银河的拼接图像显示了其明亮的中心和黝黑的尘埃云。

在 17 世纪初，使用自制的望远镜，伽利略发现这一朦胧的光带，也就是我们所说的银河，实际上是由无数暗弱恒星所发出的光组成的，这些恒星太小且距离我们太远，而无法用肉眼单独分辨出来。银河中最亮的部分是延展的"星云"。后来，人们发现较暗的区域其实是被拉长的尘埃云，它们遮蔽了更遥远恒星的光。

如果你有一架望远镜，你永远也不会厌倦用它来观看银河。你到处都可以看到星团和气体云——新恒星的"育婴室"。但是你需要找一个远离城镇的漆黑地点，在那里你的视野不会受到人造光源的干扰。

视觉之旅：神秘的星际空间 彩色典藏版／修订版

◄ 该照片由天文爱好者拍摄于美国内华达州，展现了从一个黑暗的地点所能看到的银河的动人景象。

◄ 法国天文爱好者雅克·樊尚于 2012 年素描的夏季银河。位于左上角的亮星是天津四。

勘测银河系

在18世纪末，威廉·赫歇尔第一个认识到银河系是由恒星构成的一个扁平集合，我们的太阳也是其中一员。他甚至根据精确的恒星计数推断出了银河系的形状。后来其他人进行了更为精确的计数，这其中包括20世纪初的荷兰天文学家雅各布斯·卡普坦。我们现在知道，他们的结果并非完全可靠，因为没有考虑星际尘埃云的消光作用，毕竟当时他们对此还一无所知。

在20世纪20年代，人们已经清楚，银河系只不过是宇宙中无数的星系之一。许多星系具有美丽的旋涡结构，不过很难确定银河系是否也如此。原因很简单。因为我们无法从外面来观察我们自己所在的星系。这就像"不识庐山真面目，只缘身在此山中"。

得益于射电天文学的问世，这在20世纪50年代成了可能。射电望远镜可用于确定星际低温氢气云的位置。由荷兰天文学家获得的首批射电天图明确地显示，银河系是一个大且扁平的旋涡星系，有着至少4条旋臂，直径约100 000光年。太阳位于其"郊区"，距离银心约有27 000光年。

▲ 荷兰天文学家雅各布斯·卡普坦相信，太阳位于一个相对较小的银河系的中心附近。

▶ 天文学家马腾·施密特（左）和加特·韦斯特霍特站在位于荷兰库特韦克的射电天线旁，它被用于绘制出了首幅银河系天图。

视觉之旅：神秘的星际空间 彩色典藏版/修订版

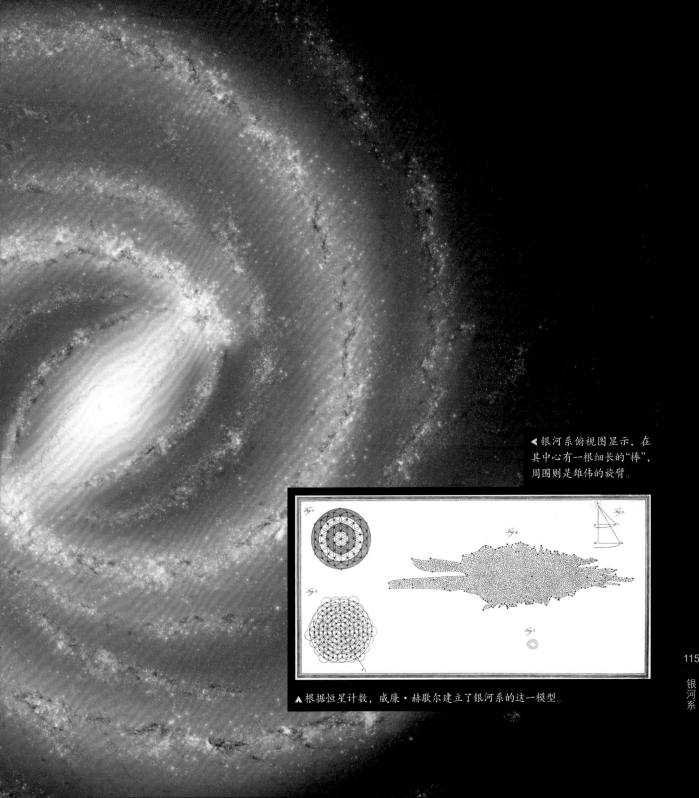

◀ 银河系俯视图显示，在其中心有一根细长的"棒"，周围则是雄伟的旋臂。

▲ 根据恒星计数，威廉·赫歇尔建立了银河系的这一模型。

煎鸡蛋中的花生

宇宙中大多数的旋涡星系形似一个煎鸡蛋：在一个扁平薄盘的中心有一个密度更高的核球。星系盘中含有大量的星际气体，新的恒星便是从中诞生的。中央核球所含的气体较少。在核球中鲜有新的恒星形成，其中的大部分恒星都比较年老。星系盘相当于医院的产房，而核球则相当于宇宙的养老院。

使用普通的望远镜很难看到银河系的中央核球，因为它大部分被黑色消光的尘埃云所遮蔽。但在可以穿透尘埃的红外望远镜下，它清晰可见。据估计，在直径为 10 000 光年的区域内，银河系的核球包含有约 100 亿颗恒星。

我们无法从外面来观测银河系，因此要想精确测定中央核球的三维形状并非易事。但通过地面和空间的红外望远镜天文学家已经发现，它是拉长形的。从太阳所在的位置，我们以一定的角度看到了核球边长较长的一侧，这意味着银河系并不是一个普通的旋涡星系，而是一个有"棒"的旋涡星系。

对中央核球中超过 2 000 万颗红巨星位置和运动的测量也显示，这个"棒"的形状有点类似哑铃。从侧面看，它像一个带壳的花生。

视觉之旅：神秘的星际空间

彩色典藏版／修订版

▲ 新的观测显示，我们的银河有一个花生形状的心脏。

▼ 银河系的中心悍然高悬在位于智利西拉的欧洲直径 3.6 米的望远镜圆顶上方，它的大部分被尘埃云所遮蔽。

▼ 在这幅银河系中心的近红外图像上有近 100 万颗恒星。在可见光波段上，它们则会被尘埃云所遮蔽。

▲ 银道面是年轻恒星和像 NGC 3603 这样的巨型"恒星育婴室"的家。

◄ 在这幅红外图像的下半部分中可以看到银道面中被昵称为"尼斯湖水怪"的尘埃卷须,其长度超过 300 光年。

▶ 红外全天图清楚地显示,银河系中的绝大多数恒星都集中在其中央的一个薄盘内。

恒星盘

如果我们能从银河系外观看银河系,其直径约 100 000 光年的薄盘会呈现出最壮观的景象,这主要归功于它宏伟的旋臂。这个盘的厚度只有几千光年,太阳距离其"中央平面"不到 100 光年。

银盘包含了绝大部分的星际气体和尘埃云:低温的分子云和高温明亮的星云,它们是新生恒星的诞生地。最年轻的恒星都位于银盘的中央平面附近。在这一银道面的上下距离稍远的地方也存在恒星,但它们的年龄都较大,数量也较少。因此,一些天文学家把它们分为薄盘(包含最年轻的恒星)和厚盘(类似中央核球,包含形成于银河系早期的年老恒星)。

令人震撼的旋臂实际上是扫过缓慢转动银盘的密度波。气体和尘埃云因此会被挤压,进而密度升高,于是你会发现大多数的恒星形成区和疏散星团都位于旋臂中。太阳目前位于猎户臂的边缘,后者是连接大型英仙臂和人马臂的一条小型旋臂。

为什么银盘会这么薄?这是因为离心力的作用。同样的力也能使被扔向空中旋转的比萨面团在落下时变成扁平状。

银河系的晕

除了主要由年轻恒星构成的薄盘和由年老恒星组成的中央核球之外，银河系还有第三个重要的结构成分：银晕。银晕或多或少呈球形，可以延伸至远在银盘之外的地方。它不包含任何星际气体云，因此也不会孕育出新的恒星。

所以，银晕主要包含非常古老的恒星，年龄都超过 100 亿年。它们无疑都是黄色、橙色或红色的低质量恒星，因为它们的表面温度相对较低。温度更高、质量更大的蓝白色恒星的寿命则要短得多。银晕中还包含了数百个球状星团——由几万或几十万颗年老恒星所构成的球形集合。

银晕的密度会随着到银心距离的增加而逐渐减小：在靠近中心的地方，年老恒星和球状星团的数量都更多。此外，它们会沿着各个方向绕银心运动，银晕不会像银盘那样具有系统性地整体转动。1920 年，美国天文学家哈洛·沙普利在对球状星团的空间分布进行了研究之后得出结论：太阳必定在距离银心很远的地方。

银晕并没有明确的外边界。晕中 90% 的天体到银心的距离不超过 100 000 光年，但天文学家在 200 000 光年之外仍发现了恒星和球状星团。

视觉之旅：神秘的星际空间 彩色典藏版／修订版

▶ 银河系俯视图和侧视图。银晕呈球状，被银道面一分为二。

▼ 距离我们 135 000 光年的 NGC 7006 是一个位于银晕外部的球状星团。

中央核球
盘
球状星团
侧视图
太阳
俯视图
英仙臂
猎户臂
人马臂
中央棒
中央黑洞
矩尺臂

晕族大质量致密天体和微透镜

银晕的绝大部分都距离太阳和地球极其遥远。即使在这样的距离上，像球状星团这样明亮的天体也易于被观测到，但想看到暗弱的恒星则需要真正强大的望远镜。银晕中可能含有大量的红、白和褐矮星以及黑洞。这些"不可见"的天体为银河系中神秘的暗物质提供了一种可能的解释。

1986 年，波兰裔美国天文学家波丹·帕钦斯基提出了一种方法来寻找这些"晕族大质量致密天体"。他提出，如果确实存在的话，它们必定会时不时地从一颗遥远的"普通"恒星前方经过。在几周的时间里，背景恒星的光会被这一不可见天体的引力放大。因此，搜索该微引力透镜效应可以为晕族大质量致密天体的存在提供线索。

在 20 世纪 80 年代末和 90 年代初，美国、法国、新西兰和日本的团队进行了大规模的巡天。在几年的时间里，他们监测了银河系的卫星系大麦哲伦云中数以百万计的恒星，以此来寻找它们所发出的光被银晕中前景里的不发光天体引力偶然增强的现象。他们确实发现了一些微引力透镜现象，但不足以得出银河系中的暗物质都是由晕族大质量致密天体所构成的结论。

▼ 来自遥远恒星的光会受到银晕中晕族大质量致密天体的引力透镜作用。结果显示这类晕族大质量致密天体的数量并不多。

▲ 大、小麦哲伦云（右上和左下）中的数百万颗恒星被用来搜寻晕族大质量致密天体。

▼ M15 是飞马座中的一个球状星团，年老而稠密，其核心处还有一个黑洞。

▲ 位于智利西拉的欧洲南方天文台施密特望远镜拍摄了球状星团 NGC 104 的图像。

恒星大球

16 65 年，德国天文爱好者约翰·亚伯拉罕·伊勒在人马座中发现了一个小而暗弱的球状星团。80 年后，人们共发现了 8 个这样的球状星团，其中包括半人马 ω ——南天半人马座中一个非常明亮的天体，但它们的真正本质仍是个谜。直到 1764 年，法国天文学家夏尔·梅西叶在一个小星云中分辨出了单颗的恒星，他将其收录到了自己的星表中，编号为 M4。

在银河系中人们已经发现了 150 多个球状星团。其中一些，例如半人马 ω、杜鹃座 47 和武仙座中的 M13，用肉眼即可看见。但是，它们中的大多数仍需要使用望远镜才能看到，且只有用强大的设备才能分辨出单颗的恒星。

大多数球状星团都包含有几万或几十万颗恒星。在它的中心，恒星非常密集地挤在一起。在其中某一颗恒星周围的行星上，其夜空必定十分壮观，有成千上万颗极其明亮的恒星。越往外，球状星团的密度越小，但它并没有清晰绝对的外边界。不过，在大多数情况下，球状星团半数的星光都集中在半径为 30 光年的范围之内。

在银晕中到处可见球状星团，但它们都集中在其中心方向。它们是目前银河系中最古老的天体，关于它们的起源，天文学家依然所知甚少。

▶ 在天空中，杜鹃 47 看起来像一颗模糊的恒星。但实际上，它是一个包含数百万颗恒星的巨大球状星团。

视觉之旅：神秘的星际空间
彩色典藏版·修订版

▼ 武仙座中的 M13 是北
天中最著名的球状星团。
哈勃空间望远镜拍摄的这
张照片展示了其核心。

银
河
系

小档案

名称： 半人马 ω，
　　　　NGC 5139
星座： 半人马座
天空位置：
　　赤经 13h 26m 47s
　　赤纬 −47° 28.8'
星图： 11
距离： 16 000 光年
直径： 150 光年
质量： 400 万 × 太阳

半人马 ω

在银河系的球状星团中，半人马 ω 保持着包含恒星数最多的纪录：直径约 150 光年，包含数百万颗恒星。虽然它距离我们近 16 000 光年远，我们仍能用肉眼轻易地看到它。古希腊天文学家托勒密将它收录在自己的星表中。1677 年，埃德蒙·哈雷第一个把这颗"恒星"描述成具有星云的性质；1826 年，天文学家们确认它是一个球状星团。

使用地面和空间的大型望远镜，可以研究半人马 ω 中的单颗恒星。在它的核心处，单颗恒星的间距不足 0.1 光年。它们的运动速度高达约 10 千米每秒。一些天文学家认为，观测到的这些运动只能用半人马 ω 的中心存在一个中等质量的黑洞来解释，其质量是太阳的数万倍。在其他球状星团的中心也发现了有黑洞存在的迹象。

值得注意的是，半人马 ω 并非呈完美的球形，而是稍稍有些扁平。对该星团中单颗恒星的成分研究显示，这些恒星属于不同的恒星"族群"。这个星团可能是一个矮星系的核心，后者已经被银河系撕碎并吞没。卡普坦星（一颗距离太阳仅 13 光年的红矮星）的化学成分表明，它也起源自这个矮星系。

▲ 在这幅哈勃空间望远镜大视场相机 3（WFC3）拍摄的图像中，在半人马 ω 中心处恒星显现出了多种颜色。

▶ 略显扁平的半人马 ω 可能是一个落入银晕的矮星系的遗存。

星流

牧夫座中的亮星大角正在银河系中高速运动：相对于太阳系，速度达 122 千米每秒。由于大角距离我们相对较近，只有 37 光年，1718 年埃德蒙·哈雷发现，它在天空中每年的"自行"高达 2.3 角秒。在 20 世纪，人们又发现了许多有着与之类似"自行"和化学成分的恒星。它们被统称为大角星流，可能是被银河系瓦解吞并的一个小型矮星系的遗存。

迄今人们已经发现了 15 条星流。它们的长度可达几千甚至几万光年，包含数以百万计的恒星。其中最著名的一个是人马星流，它是人马矮椭圆星系的遗迹。银河系中迄今已知最长的星流是 1999 年发现的赫尔米星流，以其发现者阿根廷裔荷兰天文学家阿米娜·赫尔米的名字命名。赫尔米星流似乎已缠绕了银心好几圈。

研究星流能为天文学家提供了解银河系起源的独特机会。据推测，在数十亿年的时间里，银河系已吞噬了大量的矮星系。通过勘测由此产生的星流，天文学家实际上是在进行宇宙考古学研究。发射于 2013 年 12 月的欧洲盖亚空间望远镜预计将会发现许多新的星流，由此可为银河系演化提供新的认识。

▶ 帕洛玛 12 是银河系中的一个小型球状星团，原本属于人马矮星系。

▲ 大角是牧夫座膝盖处的一颗明亮恒星。诞出它的那个矮星系已经被银河系的潮汐力瓦解了。

▼ 当一个小星系被银河系的潮汐力撕裂时，构成它的恒星最终会形成一条细长的星流。

史密斯星云

当盖尔·史密斯在 1963 年发现有一个气体云正在撞向银河系时，她 24 岁。史密斯是在荷兰莱顿为天文学家扬·亨德里克·奥尔特工作的一个美国学生，她使用位于荷兰德温格洛直径 25 米的射电望远镜（它是当时世界上最大的射电望远镜之一）做出的这一发现。在完成学业后，史密斯嫁给了一位荷兰医生并放弃了天文学，不过 45 年后"她的"星云再一次成为新闻。

2008 年，由美国绿堤射电望远镜进行的新观测显示，史密斯星云正在以 240 千米每秒的速度向我们疾驰而来。虽然目前仍在约 40 000 光年之外，但这个星云已经被银河系的潮汐力拉伸成了细长形，长 11 000 光年，宽 2 500 光年。3 000 万年后它将与银河系相撞，产生的激波可能会触发形成数十万颗恒星。

目前人们又发现了数个这样的"高速云"。它们由低温氢气组成，只能被射电望远镜观测到。然而，在大多数情况下，天文学家并不清楚这些星云的质量有多大，它们的距离有多远，以及它们最初都来自何方。

史密斯星云可能是数十亿年来形成银河系的无数气体云中的一个，这意味着我们的银河系仍在不断生长。其他"高速云"可能被高能超新星爆炸吹出了银盘，现在在引力作用下正在回落。

▶ 这幅图显示了史密斯星云相对于我们的银河系和太阳（黄点）的位置。

▼ 射电观测揭示了史密斯星云的细长形状，它是由银河系的潮汐力拉伸形成的。

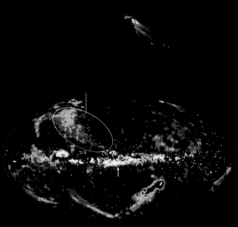

▶ 使用射电望远镜，天文学家在银河系附近发现了大量的"高速云"。

视觉之旅：神秘的星际空间 彩色典藏版／修订版

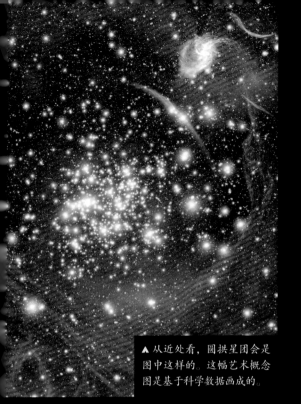

▲ 从近处看，圆拱星团会是图中这样的。这幅艺术概念图是基于科学数据画成的。

▼ 虽然距离我们 27 000 光年左右，但天文学家仍通过欧洲甚大望远镜对年轻且大质量的圆拱星团进行了细致的研究。

恒星聚会

在靠近银心的地方有两个极其致密的年轻星团。因为被银盘中浓密的尘埃云所遮蔽，使用普通的望远镜看不到它们。但红外望远镜探测到了其中个别恒星的热辐射，利用射电波和 X 射线望远镜也已观测到了这两个星团。

圆拱星团的年龄只有 300 万年。在直径仅 2 光年的范围内，它包含有 150 颗大质量的明亮恒星。它是迄今所发现的密度最高的星团。五合星团因含有 5 个明亮的红外源而得名，它的年龄稍大，约 400 万年。该星团也拥有巨星，其质量高达太阳的 100 倍。

这些巨星的其中之一便是手枪星云星，其光度是太阳的 160 万倍。虽然远在 27 000 光年之外，若没有星际尘埃的消光影响，从地球上用肉眼就能看到它。手枪星云星预计将会在几十万年后发生超新星爆炸。

天文学家们对圆拱星团和五合星团感到有点困惑。这两个致密星团距离银心只有 100 光年。没有人知道在这个动荡的环境中新生恒星是如何形成的。也许它们形成于远离银心的地方，然后向内迁移到此。

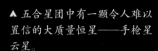

▲ 五合星团中有一颗令人难以置信的大质量恒星——手枪星云星。

◄ 位于遥远手枪星云核心的这颗恒星是已知最亮的恒星之一，光度达太阳的 1 000 万倍。

小档案

名称: 人马 A★
星座: 人马座
天空位置:
    赤经 17h 45m 40s
    赤纬 −29° 00.5'
星图: 12
距离: 27 000 光年
直径: 120 亿千米（视界）
质量: 420 万 × 太阳

视觉之旅：神秘的星际空间
彩色典藏版（修订版）

▲ 如这一计算机模拟所示，未来的射电观测也许能揭示出人马 A★ 的"影子"。

▲ 落向星系中心黑洞的物质在最终消失之前会盘旋在一个高温的吸积盘内。

银河怪物

▲ 对银河系超大质量黑洞附近恒星运动的精确测量揭示出了它的质量。

在银河系的中心住着一只饕餮巨兽。大多数情况下，它很安静，但现在它将再一次地苏醒、进食并发出怒吼。这个怪物被称为人马 A★，是一个质量达太阳 400 万倍的超大质量黑洞。凭借强大的引力，黑洞会吞食稀薄的气体云和整颗恒星，它们会永远地从这个宇宙舞台消失；任何落入黑洞边缘的东西都有去无回。

黑洞是不可见的。它的引力强大到即便是光也无法逃逸，但黑洞会扰乱周围的环境，这些影响是可以被看到的。它的引力会把其周围的恒星加速到难以想象的速度。使用大型的红外望远镜可以测量这些疾驰恒星的椭长轨道，根据它们的速度可以计算出这个黑洞的质量。

实际上，宇宙中所有星系的中心都隐藏着超大质量黑洞。在这些怪物中，人马 A★ 受到了最细致的研究。因为它的距离"只有"27 000 光年（约 1 万亿千米的 1/4），天文学家可以观测到它的细节。

黑洞的"边缘"也被称为事件视界。对于人马 A★ 而言，其事件视界的半径约为 60 亿千米。一个未来的全球射电望远镜网络被称为事件视界望远镜，试图探测拍摄这个视界相对于明亮气体背景所投下的圆形"阴影"。

▶ 美国国家航空航天局的钱德拉 X 射线天文台捕捉到了来自人马 A★（左起第 3 个亮斑）的高能辐射。

暴风雨前的宁静

银心黑洞最惊人的地方是它竟如此平静。其他星系中与之相当的超大质量黑洞从周围环境中吞噬的气体量要比它大得多。这些气体进入黑洞视界消失前，会被急剧加热，发出大量的高能 X 射线辐射。同时，大多数黑洞会向太空射出强劲的辐射和带电粒子喷流。

人马 A★ 却与它们相反，它非常平静。它几乎不产生 X 射线辐射，也没有粒子射流的迹象。不过，有许多迹象表明，这头银心巨兽会定期苏醒。例如，美国的钱德拉 X 射线天文台就观测到了约 300 年前一个爆发相对较小的 X 射线回光。

在银心的上方和下方，费米 γ 射线空间望远镜发现了跨度约为 25 000 光年的巨型高能量 γ 射线 "泡"。这些 γ 射线可能是由光子和超高能量电子相互作用所产生的。这些电子是几百万年前由人马 A★ 在一次极其强大的爆发中喷射入太空的。

2014 年春以非常近的距离经过这个黑洞的气体云 G2 显然躲过了一劫，并没有如天文学家们所希望的那样引爆成宇宙焰火。不过，人马 A★ 会定期地产生小型的 X 射线爆发。它们可能是该黑洞进食彗星状天体所引发的，没有人知道下一次大型爆发何时会发生。

视觉之旅：神秘的星际空间
彩色典藏版／修订版

▶ 在银道面的上下两侧有高能电子所产生的巨大 γ 射线 "泡"。

▲ 在这幅艺术概念图中，被简称为 G2 的一团气体云被银河系中心黑洞的潮汐力撕裂了。

▶ 插图显示了靠近黑洞的高温气体所发出的微弱 X 射线辐射。在这幅合成图像中，低温的气体和尘埃会发出红外辐射。

X-RAY CLOSE-UP

▲ 在这幅图像中被标记出的 X 射线回光表明，大约 300 年前人马 A★ 必定更加活跃。

人马 A★

银河之谜

在过去的一个世纪中，有关银河系的许多难题已被解开。哈洛·沙普利根据球状星团的分布推断出了它的大小。在对恒星运动进行统计研究的基础上，扬·奥尔特和伯蒂尔·林德布拉德发现银河系在转动。射电天文学家勘测了它的旋涡结构，红外望远镜则揭示了其被尘埃云所遮蔽的中心。即使是银河系中心的黑洞也向我们"吐露"了它的一些秘密。

然而，我们的"宇宙之城"还拥有许多未解之谜，这在很大程度上是因为我们无法从外部来观察它。从我们的角度来看，银河系的大部分位于其中心的"背后"，而不可能被观测到。虽然和其他棒旋星系一样，银河系的中央核球几乎肯定呈细长的棒状，但要弄清楚它的确切形状和结构并非易事。对于银河系在过去的数十亿年中是如何吞噬其他矮星系的，我们所知甚少；而对于神秘的暗物质又是在银河系中如何分布的，我们则全然不知。

在未来的几年中，欧洲的盖亚空间望远镜旨在改变这一切。"盖亚"会精确测量不少于 10 亿颗恒星的位置、距离、速度和化学组成。利用由这些测量结果生成的三维图，天文学家们就可以着手解开银河系剩下的谜题。

◀ 对人马 A★ 的 X 射线进行的研究表明，它是一个"慢食者"。它周围的大多数气体在掉入黑洞前会被吹入太空。

空间望远镜

▲ 美国国家航空航天局于1962年发射的轨道太阳观测台是第一架空间望远镜。

在探索宇宙的时候，地面上的望远镜总要面对地球的大气层。即使是无云的天空，大气中也含有尘埃和水汽，空气会不断地湍动，大气会吸收许多种类的辐射，因而人们无法从地面上很好地进行观测。早在太空时代之前，天文学家就梦想把望远镜送入环绕地球的轨道来克服这些障碍。

太空旅行让照相机和望远镜摆脱大气的束缚成为可能。美国国家航空航天局于1962年发射了第一个轨道太阳观测台，在随后的20世纪70年代中期则发射了观测宇宙X射线和γ射线的简单卫星。第一架"真正"的空间望远镜是于1978年发射的国际紫外探测器，之后在1983年发射了由美国、荷兰和英国合作制造的红外天文卫星（IRAS）。

到目前为止，所有空间望远镜中最有名的当属哈勃空间望远镜，它是美国国家航空航天局和欧洲空间局的合作项目。"哈勃"发射于1990年4月24日，它有一块直径为2.4米的主镜，并配备有一系列的照相机和摄谱仪。

"哈勃"在其主镜的技术问题被1993年年底的太空维修任务修复之后，已做出了一个又一个的革命性发现。后期维护任务为其更换了更为灵敏的仪器设备。"哈勃"锐利的空间视野令天文学的各个领域都因之受益。尽管这架空间望远镜的陀螺仪存在问题，但仍在成功地运转。

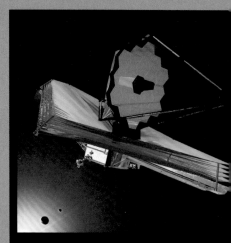

▲ 2021年9月9日美国国家航空航天局宣布，作为的"继任者"，詹姆斯·韦布空间望远镜将于12月18日发射。这一计划已经被推迟了数次。

▼ 欧洲和美国的国际紫外探测器（IUE）从1978年工作至1996年。

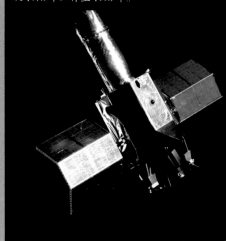

◄ 2018年4月，美国国家航空航天局成功发射了凌星系外行星巡天卫星（TESS）。这是一架用来搜寻近距恒星周围行星的空间望远镜。

视觉之旅：神秘的星际空间　彩色典藏版 修订版

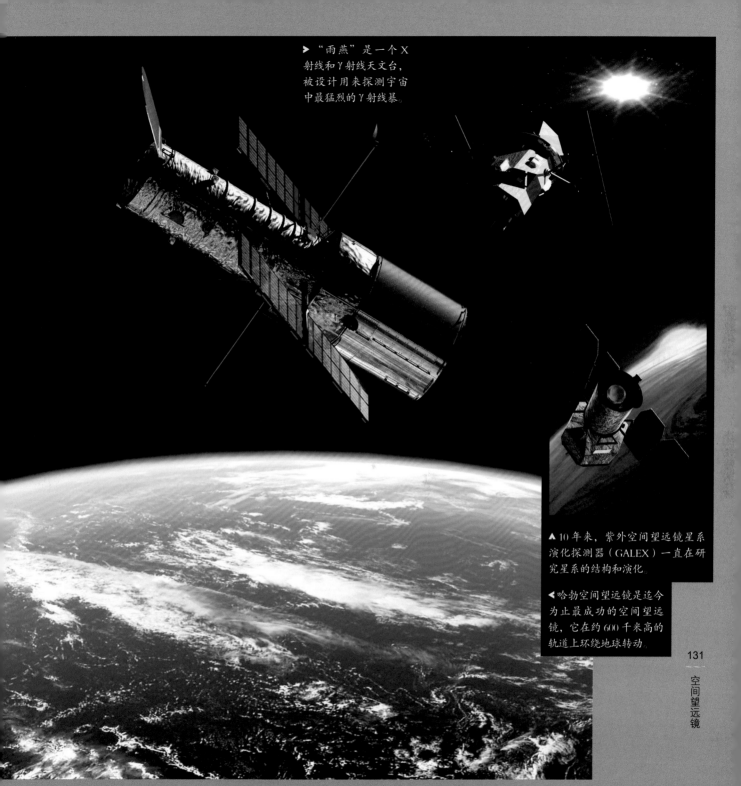

➤ "雨燕"是一个X射线和γ射线天文台,被设计用来探测宇宙中最猛烈的γ射线暴。

▲ 10年来,紫外空间望远镜星系演化探测器(GALEX)一直在研究星系的结构和演化。

◀哈勃空间望远镜是迄今为止最成功的空间望远镜,它在约600千米高的轨道上环绕地球转动。

空间望远镜

▼ 美国国家航空航天局的钱德拉 X 射线天文台发射于 1999 年。目前，它仍是一架富有成效的空间望远镜。

▲ 美国国家航空航天局的大视场红外巡天探测器（WISE）专注于研究彗星和威胁地球的小行星。

▼ 从 2009 年至 2013 年，欧洲空间局的赫歇尔空间天文台研究了星际分子的分布，其中也包括水。

▼ 从 2009 年至 2013 年，美国国家航空航天局的开普勒空间望远镜发现了超过 3 500 颗外星行星候选体。

视觉之旅：神秘的星际空间 彩色典藏版／修订版

在哈勃空间望远镜之后，美国国家航空航天局又发射了3个大型空间望远镜：康普顿γ射线天文台（1991年）、钱德拉X射线天文台（1999年）和在红外波段研究宇宙的斯皮策空间望远镜（2003年）。"康普顿"一直工作到2000年，"斯皮策"已于2020年退役，"钱德拉"目前仍在继续运转。1999年，欧洲空间局发射了牛顿X射线多镜面望远镜，其至今仍在工作。

多年来，针对专门的科学目标，人们还发射了许多规模较小的空间望远镜。它们包括星系演化探测器（GALEX，紫外线波段，2003年）、"雨燕"（γ射线暴，2004年），大视场红外巡天探测器（WISE，红外波段，2009年）和"赫歇尔"（亚毫米波段，2009年）。与欧洲的赫歇尔空间天文台一同发射的还有普朗克空间望远镜，它旨在研究宇宙背景辐射。美国国家航空航天局最成功的空间望远镜之一是"开普勒"（2009年），它的目标是搜寻其他恒星周围的行星。2013年年底，欧洲空间局发射了盖亚空间望远镜，它将在5年的时间里精确测量银河系中的10亿颗恒星。

目前还没有新一代大型X射线空间望远镜的计划，但在2021年美国国家航空航天局将发射一个巨型的红外望远镜。这就是"哈勃"的继任者詹姆斯·韦布空间望远镜，其主镜的直径为6.5米。另有两个新的空间望远镜——美国的凌星系外行星巡天卫星（TESS，2018年）和欧洲的行星凌星与恒星振荡探测望远镜（PLATO，2024年），将用于搜索太阳系外行星。在非常遥远的未来，也许会在月球的黑暗面建造大型的望远镜。

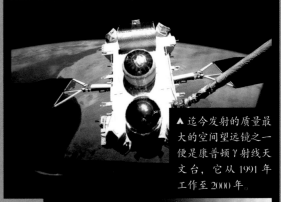

▲ 迄今发射的质量最大的空间望远镜之一便是康普顿γ射线天文台，它从1991年工作至2000年。

▲ 欧洲空间局的普朗克探测器以德国物理学家马克斯·普朗克的名字命名，它揭示了促成我们宇宙诞生的大爆炸的细节。

▲ 宇航员进行了5次哈勃空间望远镜维修升级任务，为其更换了科学仪器和失灵的部件。

▲ 欧洲空间局拥有其自己的空间X射线望远镜——牛顿X射线多镜面望远镜。

▼ 红外天文卫星（IRAS）是第一个在红外波段对全天进行勘测的空间望远镜。

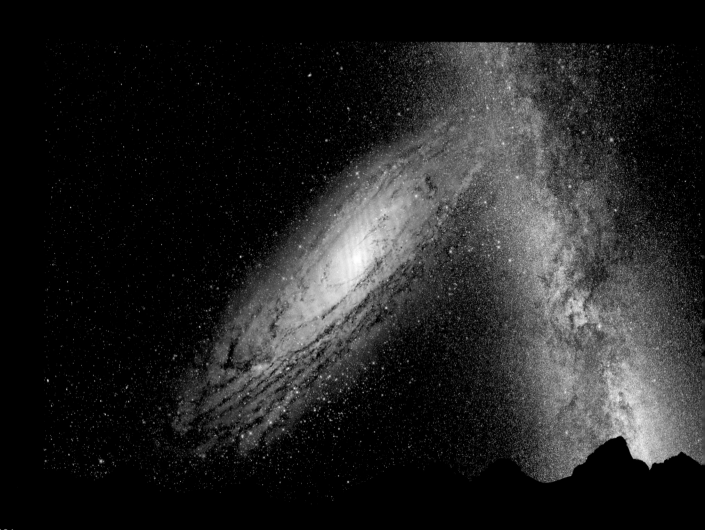

▲从今往后约 40 亿年，仙女星系预计将会和我们的银河系发生碰撞。

视觉之旅：神秘的星际空间　彩色典藏版／修订版

本星系群

银河系并非宇宙中唯一的星系。大约 100 年前，人们开始认识到，夜空中许多小而暗的星云其实都是远离银河系的遥远星系。

所有这些星系并不是均匀分布在整个宇宙中的。就像地球上的城市往往集中在更大的都市群中，星系也会形成或大或小的群体。就像城市经常会被较小的郊区和乡村包围，较大的星系也都伴随着较小的"矮"星系。

银河系的两个伴星系非常靠近我们，用肉眼就能很容易地看到它们呈巨大的星云状。由于只有在南半球才能看见它们，因此直到 16 世纪初葡萄牙探险家费迪南德·麦哲伦才对它们有了描述。自此，它们一直被称为麦哲伦云。

除了这两个麦哲伦云，银河系周围还另外有二十几个小而暗弱的矮星系。在远得多的地方还有仙女星系，它是距离银河系最近的大型星系。这个旋涡星系周围还有两个相对较大的星系和数量相当多的小型卫星系。

银河系、仙女星系和稍远处的三角星系及其周围的许多小型星系一起构成了本星系群。如果算上所有的矮星系，本星系群拥有超过 50 个成员星系。

▼ 银河系的卫星系天炉矮星系比一个巨大的星团大不了多少。矮星系中几乎不含有气体。

▶ 双鱼矮星系（LGS3）可能是三角星系的卫星系。

视觉之旅：神秘的星际空间 彩色典藏版／修订版

卫星系

本星系群有 3 个大型的旋涡星系（银河系、仙女星系和三角星系）以及 10 个小型的椭圆星系或不规则星系。到目前为止数量最多的是卫星系，它们就像灯光周围的蚊子那样蜂拥在大型旋涡星系的周围。

值得注意的是，在三角星系周围迄今还没有发现其卫星系（一个可能的例外是被称为 LGS3 的小星系），但银河系和仙女星系都拥有大量的卫星系。它们所包含的恒星往往不超过几百万颗，直径为几千光年。

这两个大型旋涡星系可能是通过吞噬这些小型卫星系而生长的，这个过程仍在继续。例如，人马矮星系已被银河系的潮汐力显著拉长，它最终会被银河系吸收。大型球状星团半人马 ω 可能就是一个已被瓦解的矮星系所残余的核心。

研究卫星系可以为大型旋涡星系鲜为人知的起源提供线索。根据宇宙学理论和计算机模拟，大型星系所拥有的小型卫星系的数量应该比实际观测到的多得多。也许确实存在数以百计的卫星系，但它们主要由暗物质构成且几乎不包含任何恒星。

卫星系的空间分布也是天文学中的一个谜。例如，仙女星系的卫星系都或多或少地位于同一个平面内，对此还没有一个很好的解释。

◀ M32 是围绕仙女星系转动的一个相对较小的椭圆星系，在其核心有一个大质量黑洞。

麦哲伦云

在10世纪，波斯天文学家阿布德·热哈曼·阿尔苏飞在他所写的《恒星星座》一书中描述了南半球夜空中两片小而模糊的星云。但直到1519年葡萄牙探险家费迪南德·麦哲伦完成其环球航行返回后，西方世界才知道银河系这两个最大的伴星系。它们现在分别被称为大、小麦哲伦云。

大麦哲伦云直径约15 000光年，包含了数十亿颗恒星。它曾经可能是一个小型的棒旋星系，目前已被银河系的潮汐力严重扭曲。它距离我们大约167 000光年。

大麦哲伦云中含有大量的星际气体和尘埃，因此其恒星形成活动要比银河系强得多。拥有致密星团剑鱼30的蜘蛛星云是我们已知最大的恒星形成区之一，如果把它放到猎户星云的位置上，那我们的夜空将不再黑暗！

大麦哲伦云包含几十个球状星团以及数百个疏散星团和行星状星云。超新星1987A也是在这个星系中爆发的。此外，引人注目的是，麦哲伦云所包含的重元素要远小于银河系的。这些"金属"（天文学中比氢和氦更重元素的统称）是经过一段时间在恒星内部由核聚变反应所产生的。因此，这一切似乎都表明，麦哲伦云相比银河系要年轻得多。

▶ 位于智利西拉的欧洲南方天文台施密特望远镜拍摄了大麦哲伦云的动人影像。

▼ 大麦哲伦云看上去低悬在位于智利的阿塔卡马大型毫米波／亚毫米波阵列（ALMA）天线的上空。

▼ 蜘蛛星云是大麦哲伦云中最大的恒星形成区，也是迄今已知的恒星形成区中最大的之一。

小档案

名称： 大麦哲伦云

星座： 剑鱼座

天空位置：

　　赤经 05h 23m 35s

　　赤纬 −69° 45.4'

星图： 14

距离： 167 000光年

直径： 14 000光年

星系类型： SB(s)m

小档案

名称： 小麦哲伦云

星座： 杜鹃座

天空位置：

赤经 00h 52m 45s

赤纬 −72° 49.7′

星图： 14

距离： 200 000 光年

直径： 7 000 光年

星系类型： SB（s）mpec

▼ 在小麦哲伦云的右下方是巨大的球状星团杜鹃47，后者是银河系的一部分。

莱维特的馈赠

小麦哲伦云离我们的距离则要远一些，所包含的恒星也少得多，只有几亿颗。虽然在南半球无月的夜晚可以用肉眼很容易地看见小麦哲伦云，但它在夜空中并不太显眼。像大麦哲伦云一样，它可能也是一个被银河系潮汐力严重扭曲的小型棒旋星系。

小麦哲伦云在确定宇宙距离尺度上发挥了重要的作用。19 世纪末，美国哈佛大学的天文学家在其位于南半球秘鲁的阿雷基帕观测站对它进行了定期的照相观测。年轻的天文学家亨里埃塔·莱维特在美国马萨诸塞州坎布里奇对这些照片底片进行了测量和分析。

莱维特在小麦哲伦云中发现了大量的造父变星。以几天或几星期为周期，它们会变暗然后又增亮。分析结果证明造父变星的脉动周期和其平均光度之间存在关系：越暗弱的造父变星，其光变周期越短。一旦"周光关系"——也被称为莱维特关系（见第 67 页）被证实，它就可以用来确定其他星系的距离。

▲ 小麦哲伦云中包含了许多恒星形成区。

▼ 亨里埃塔·莱维特（左三）是在美国哈佛大学工作的女助手之一。

▶类似麦哲伦流，仙女星系和三角星系之间也存在中性氢气云。

▲新的观测显示，大约20亿年前，麦哲伦流中的大部分气体已被小麦哲伦云剥离。

气体桥

在20世纪60年代，天文学家发现大、小麦哲伦云之间存在一座中性氢气"桥"。不过，这一麦哲伦桥和20世纪70年代发现的长得多的麦哲伦流比起来就相形见绌了。麦哲伦流也包含低温的中性氢气，这意味着只能通过射电望远镜才能看到它，但它至少有600 000光年长，把大、小麦哲伦云和银河系相连。

麦哲伦流中的氢气是在过去某个时候由潮汐力从两个麦哲伦云中提取出来的。通过测量这些气体的空间分布，可以更多地了解银河系的这两个伴星系在过去数十亿年间的运动轨迹。

分析表明，大约25亿年前大、小麦哲伦云从非常靠近彼此的地方穿过。5亿年后，小麦哲伦云已流失大部分的星际气体，而麦哲伦流的另一部分似乎是最近才从大麦哲伦云中被抽取出来的。

哈勃空间望远镜已对大、小麦哲伦云中单颗恒星的运动进行了精确的测量。结果显示，这两个星系正在以300 ~ 400千米每秒的速度运动，这说明它们并非在绕银河系转动，而是被潮汐力扭曲了形状的"过路人"。

◀在这幅由世界各地的射电望远镜所获得的图像中，麦哲伦流呈粉红的气体条带状。

小档案

名称：仙女星系，M31
星座：仙女座
天空位置：
　赤经 00h 42m 44s
　赤纬 + 41° 16.1'
星图：2
距离：250 万光年
直径：120 000 光年
星系类型：SA(s)b
黑洞质量：3 000 万×太阳

▼ 就像银河系那样，仙女星系也是一个为小型伴星系所围绕的巨型旋涡星系。

▶ 由星系演化探测器（GALEX）所进行的紫外观测揭示出了仙女星系中由高温年轻恒星组成的环形结构。

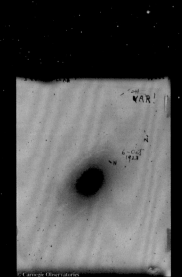

© Carnegie Observatories

◀ 在一张拍摄于 1923 年的仙女星系照片底片上，埃德温·哈勃第一个发现了一颗变星（VAR）。

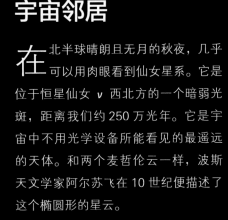

▼ 利用哈勃空间望远镜，天文学家可以很容易地分辨出仙女星系盘中的单颗恒星。

▼ 在这幅仙女星系的合成图像上，来自尘埃的红外辐射（橙色）和来自中子星以及黑洞的高能量X射线辐射（蓝色）被组合到了一起。

宇宙邻居

在 北半球晴朗且无月的秋夜，几乎可以用肉眼看到仙女星系。它是位于恒星仙女 ν 西北方的一个暗弱光斑，距离我们约 250 万光年。它是宇宙中不用光学设备所能看见的最遥远的天体。和两个麦哲伦云一样，波斯天文学家阿尔苏飞在 10 世纪便描述了这个椭圆形的星云。

长期以来，天文学家对像仙女星系这样的旋涡星云有着不同的看法。一些人认为它们是银河系内的星云，但其他人则认为它们是独立的"岛宇宙"（星系）。直到 20 世纪 20 年代埃德温·哈勃在仙女星系中发现了一颗造父变星，其与地球的距离才被确定下来，并被证明是一个和银河系相当的旋涡星系。

斯皮策空间望远镜的测量表明，仙女星系包含约一万亿颗恒星，几乎是银河系的两倍。仙女星系也明显大于银河系，是在本星系群中最大的星系。奇怪的是，包括暗物质在内，仙女星系的总质量似乎还不到银河系的 35%，其恒星形成活动也较弱。因为我们无法从外部来观察银河系，所以也无法看到其全貌，仙女星系则成了宇宙中被我们研究得最多的星系。

2010 年 12 月 21 日

2010 年 12 月 30 日

2011 年 1 月 26 日

2010 年 12 月 17 日

▲ 哈勃空间望远镜拍摄的仙女星系变星的特写，该变星由埃德温·哈勃于 1923 年发现。

未来的碰撞

<big>在</big>约 40 亿年之后，本星系群将会因一场宇宙"交通事故"而被搅得翻天覆地。那时，银河系和仙女星系将发生碰撞。此后再过 20 亿年，它们将并合形成一个巨椭圆星系。没有人知道我们的太阳系是否能在这场碰撞中幸存下来。也许太阳及其行星会在引力扰动下被抛射入太空。

近 100 年来天文学家已经知道，银河系和仙女星系正以 110 千米每秒的速度朝着对方运动，但直到 2012 年才测量出了仙女星系的横向运动速度。如果这一速度足够大，这两个星系可能会以很短的间距彼此掠过。然而这个横向速度据测量只有 17 千米每秒，这意味着银河系和仙女星系一定会发生碰撞。

三角星系（本星系群中的第三大星系）的确切作用尚不清楚。也许在仙女星系之前它就会撞上银河系。同样可能的是，在遥远的未来，它会进入一条围绕由银河系和仙女星系并合而成的巨椭圆星系的轨道，后者被非正式地称为银河仙女星系。

仙女星系与银河系之间的碰撞不会是本星系群中发生的第一场宇宙"交通事故"。55 亿年前，仙女星系很可能就是由两个较小的星系碰撞并合而成的。

▶ 旋涡星系 M33，也被称为三角星系，是本星系群三大星系中最小的。

▼ 从今往后数十亿年，随着银河系与仙女星系并合成一个巨椭圆星系（被称为银河仙女星系），地球的夜空将闪耀着来自仙女星系的光芒。

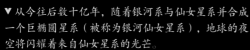
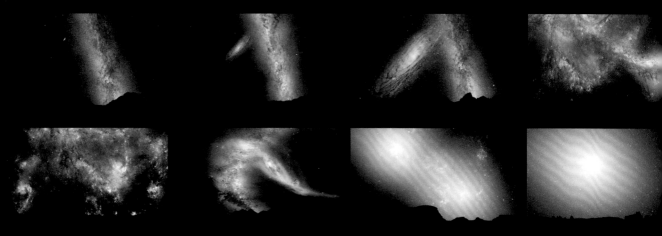

▼射电观测（紫色）显示，低温氢气云延伸到了远超出三角星系可见盘的地方。

星系测距

就像仙女星系一样，三角星系也以它所在的星座三角座（位于仙女座和白羊座之间）而得名。在望远镜发明之后人们才发现了这个暗弱的旋涡星系，但在极有利的情况下视力绝佳的人也可以用肉眼看见它。三角星系是本星系群里 3 个星系中最小的一个，其直径约 50 000 光年，是银河系的一半，包含约 400 亿颗恒星。有趣的是，在这个旋涡星系的中央似乎没有黑洞。

20 世纪初，荷兰裔美国天文学家阿德里安·范马南认为他测出了三角星系的自转。根据计算，范马南得出结论，三角星系到我们的距离不会超过 100 万光年。然而，后来人们发现他的测量存在一系列的系统误差。实际上，三角星系到我们的距离为 250 万~300 万光年。但它到仙女星系的距离则小得多，约 100 万光年。一些天文学家认为，三角星系应该是仙女星系的一个大型伴星系。

三角星系中有许多恒星形成区。其中最大的是 NGC 604，它是一个由高温气体构成的壮美星云，直径约 1 500 光年，是猎户星云的 40 多倍。NGC 604 由威廉·赫歇尔于 1784 年发现，远在我们知晓三角星系的本质之前。

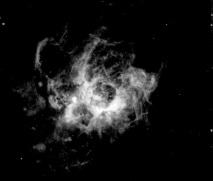

▼NGC 604 是三角星系中的一个巨型"恒星育婴室"。早在 1784 年，威廉·赫歇尔就已发现了它。

小档案

名称：三角星系，M33
星座：三角座
天空位置：
　　赤经 01h 33m 50s
　　赤纬 30° 39.6'
星图： 2
距离： 250 万 ~300 万光年
直径： 50 000 光年
星系类型： SA(s)cd

星　系

如果说恒星是宇宙的居民，那么星系就是它们居住的村庄和城市。宇宙中差不多所有的恒星都隶属于某个星系，几乎根本不可能在星系际的空间里找到它们。因此，星系是宇宙无尽黑暗海洋中的一座座小小光岛。

直到 20 世纪初，天文学家们才意识到，我们的银河系只不过是宇宙中无数星系里的一个。我们现在知道，可观测宇宙中包含了几千亿个星系。这其中包括宏伟的旋涡星系、像银河系这样的棒旋星系、巨大的椭圆星系、奇形怪状的不规则星系、矮星系以及富含活跃恒星形成区的星暴星系。

星系不是"独行侠"。较大星系会伴随有大量较小的卫星系，而它们自己也往往是一个星系群或者星系团的成员。有时候两个星系会发生近距离交会或碰撞。这样的"宇宙遭遇战"会产生壮观的潮汐尾，引起新生恒星的"婴儿潮"。

绝大多数星系在其核心处有一个超大质量黑洞。如果这些中央黑洞吞下了大量物质，那么在其附近就会产生巨大的能量，从几十亿光年之外都能看到它。这些活动星系核被称为类星体。对这些遥远星系的研究表明，目前宇宙中最大的星系是由无数小而不规则的星系碰撞并合而成的。

◀ 位于大熊座（北斗七星）中、距离地球 3 000 万光年的 NGC 2841 是一个宁静的旋涡星系，在它的旋臂上点缀着恒星形成区。

形状和大小

星系有各种形状和大小。粗略地说，它们可以分为两类：旋涡星系和椭圆星系。旋涡星系（S 型）有三大要件：一个旋转的扁平盘，其中具有富含气体和尘埃的旋臂，那里也是恒星形成活动最活跃的地方；一个由年老恒星构成的中央"核球"；以及一个由暗物质和球状星团组成的延展晕。根据旋臂缠绕的松紧程度，旋涡星系又可以被进一步划分成 3 种类型（Sa、Sb 和 Sc）：Sa 星系的旋臂缠绕得非常紧密，而 Sc 星系的旋臂缠绕得则非常松散。

包括银河系在内，许多旋涡星系的中央核球都呈长条形。对这些中央"棒"的起源人类至今仍所知甚少。棒旋星系（SB 型）也可被细分为 3 种：SBa、SBb 和 SBc。

椭圆星系（E 型）是几乎全部由恒星构成的三维集合，它们几乎不包含星际气体。与旋涡星系中的情况不同，椭圆星系内部恒星的运动没有章法。椭圆星系具有各种各样的形状和大小，从球形（E0 型）到长椭圆形（E9 型），从小型的矮星系到像室女座中 M87 那样拥有数万亿颗恒星的巨型星系。

透镜状星系（S0 型）是介于旋涡星系和椭圆星系之间的中间类型。它们具有盘，但几乎整个被中央核球所占据，看上去酷似椭圆星系。星系的最后一个类型是不规则星系（Irr 型），它们大多数仅由数亿颗恒星组成，没有可观测的结构。

▲ 沿着旋涡星系 NGC 4414 旋臂分布的尘埃云。

▲ 不规则矮星系 I 兹维基 18 比银河系要小得多。

▲扁平，但没有旋臂：NGC 4866 是一个透镜状星系。

▲ NGC 6217 是棒旋星系的一个漂亮案例。

▶ 遥远暗弱星系衬托下的巨椭圆星系 NGC 1132。

旋涡之美

大熊座中壮丽的旋涡星系 M81 也被称为博德星系，以于 1774 年发现它的德国天文学家约翰·埃勒特·博德的名字命名。M81 距离地球约 1 200 万光年，是仙女星系的 5 倍。它不属于本星系群，但和超过 30 个的近邻星系一起构成了独立的星系群。由于距离地球较近，我们用小望远镜就能轻易地看到 M81。

和所有的旋涡星系一样，M81 中大多数的恒星形成活动也都位于旋臂上，在那里聚集着大部分的星际气体和尘埃云。年轻高温恒星的高能辐射会加热旋臂中的尘埃，使之发出红外辐射。因此，它大多数的热辐射都出自其旋臂。

在 M81 的中心有一个超大质量黑洞，其质量约为太阳的 7 000 万倍，是银心黑洞的 17 倍。M81 的黑洞也比银心黑洞更活跃，大约 5 亿年前它与近距星系 M82（也被称为雪茄星系）的交会为这个黑洞输送了气体。

1993 年，在 M81 的外部区域出现了一颗超新星。天文学家通过老照片识别出这颗超新星的前身是一颗红超巨星。

小档案

名称：
　博德星系，M81
星座： 大熊座
天空位置：
　赤经 09h 55m 33s
　赤纬 +69° 03.9′
星图： 1
距离： 1 200 万光年
直径： 90 000 光年
星系类型： SA(s)ab
黑洞质量：
　7 000 万 × 太阳

▼ 在不同的红外波段（24 微米、70 微米和 160 微米）下，M81 呈现出位于其旋臂上的恒星形成区。

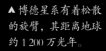

▲ 博德星系有着松散的旋臂，其距离地球约 1 200 万光年。

147

星

系

<table>
<tr><td>

小档案
██████████████████████

名称: 风车星系，M101
星座: 大熊座
天空位置:
　　赤经 14h 03m 13s
　　赤纬 +54° 21.0'
星图: 6
距离: 2 700 万光年
直径: 170 000 光年
星系类型: SAB(rs)cd

</td></tr>
</table>

完美风车

和博德星系（M81）一样，风车星系（M101）也位于大熊座。不过，它与地球的距离是 M81 的 2 倍，达 2 700 万光年，所以必须要使用相当强大的望远镜才能看到它。另外，M101 是一个非常大的星系，直径约 170 000 万光年——是银河系的 1.7 倍。

M101 的结构极不对称：其明亮的核心并不位于星系盘的中央。此外，这个有着松散旋臂（M101 为 Sc 星系）的星系盘含有众多明亮的恒星形成区，威廉·赫歇尔早在 18 世纪就对其中一些进行了描述。然而，直到 100 年后，爱尔兰天文学家威廉·帕森斯（罗斯爵士）才发现了它的旋涡结构。

M101 引人注目的非对称结构可能源于其 5 个伴星系的引潮力，距其最近的伴星系 NGC 5474 也有着不对称的星系盘。

旋涡星系 M100 到地球的距离是风车星系的 2 倍。得益于哈勃空间望远镜的观测，在 20 世纪 90 年代中期，M100 成为在本星系群之外首个在其中发现单颗造父变星的星系。我们知道，这些变星的脉动周期与它们的光度有关。通过把它们的光度和观测到的亮度进行比较，就可以精确地计算出它们所在星系与地球的距离。作为"哈勃"主要的科学目标之一，这是校准宇宙距离尺度的重要一步。

▼ 哈勃空间望远镜对 M100 的观测对于建立宇宙距离尺度起到了举足轻重的作用。

▶ 风车星系是一个巨大而稍不对称的旋涡星系，我们几乎完全正向对着它。

▶ 在这幅红外图像中，M101 中相对低温的尘埃带呈黄绿色的细丝状，红色的则为被年轻高温恒星加热的尘埃。

小档案

名称： 涡状星系，M51
星座： 猎犬座
天空位置：
　　赤经 13h 29m 53s
　　赤纬 +47° 11.7'
星图： 5
距离： 2 300 万光年
直径： 85 000 光年
星系类型： SA(s)bc pec
黑洞质量： 100 万 × 太阳

顺着旋涡

1845 年，爱尔兰天文学家威廉·帕森斯（罗斯爵士）把他的直径 1.8 米的巨型望远镜对准了猎犬座中的一个星云，早在 1773 年法国天文学家夏尔·梅西叶就已发现了这个模糊的斑点。这个星云的正式名称为 M51（即梅西叶星表中的第 51 个天体），其被证明具有显著的旋涡状结构。帕森斯第一个发现一些星云呈旋涡状。

今天，M51 亦被称为涡状星系，天文学家对它已进行了细致的研究，尤其是利用哈勃空间望远镜。它是一个拥有两条旋臂的旋涡星系，距离地球约 2 300 万光年。它比银河系稍小一点，直径 85 000 光年。我们几乎是从正"上"方来看这个星系的，因此它的旋涡结构清晰可见。

在 M51 一条旋臂的后部有一条笔直的气体、尘埃和恒星尾。在这条旋臂的末端有一个较小的伴星系，帕森斯也观测到了它。这个星系名为 NGC 5195，从地球上看，它目前稍稍位于 M51 的后方，但计算机模拟显示，几百万年前它必定从涡状星系的外部区经过。

与 NGC 5195 的"碰撞"不仅影响了 M51 的旋涡结构，也引发了 M51 核心以及旋臂中更强烈的恒星形成活动。涡状星系的红外图像显示了尘埃在它旋臂中分布的情况，同时我们还能看到许多小而年轻的星团。

▲ 在哈勃空间近红外照相机标分光仪（NI拍摄的这幅近像中，涡状星窄尘埃带清晰

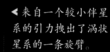

◀ 来自一个较小伴星系的引力拽出了涡状星系的一条旋臂。

▼ 1848 年，威廉·帕森斯（罗斯爵士）绘制了这幅 M51 旋臂结构的精妙素描。

星系引擎

1943 年，美国天文学家卡尔·赛弗特发现一些星系核会在某些特定的波段上发出大量的辐射。这些辐射线表明此处存在大量温度极高的气体。今天，天文学家普遍认为所有这些活动都是被赛弗特星系中心的超大质量黑洞所驱动的，它们周围存在由高温气体组成的转动盘。

离地球最近的赛弗特星系是 M106，位于猎犬座，距离地球 2 400 万光年。1781 年，它由法国天文学家皮埃尔·梅尚率先发现。在 20 世纪初，这个星系被加到了梅西叶的"星云状天体"表（最初只有 103 个天体）中，编号为 106。M106 还会发出大量的射电、X 射线和红外辐射。不同波段的综合图像显示，这个星系拥有 4 条而不是 2 条旋臂。多出的 2 条"额外"的旋臂由从星系中央平面被吹出的高温气体组成，可能是由其核心的超大质量黑洞射出的带电粒子高能喷流所致。

这个黑洞的质量约为太阳的 4 000 万倍，是银心黑洞的 10 倍。"我们的"黑洞很安静，但 M106 中的黑洞却在几乎不停地吞食其周围的气体。这也正是它成为赛弗特星系的原因。

◀ 这幅 M106 射电 / 红外 / 光学 /X 射线合成图像上，M106 的两条反常旋臂清晰可见。

▼ 像 M106 一样，M77 是鲸鱼座中的一个赛弗特星系。

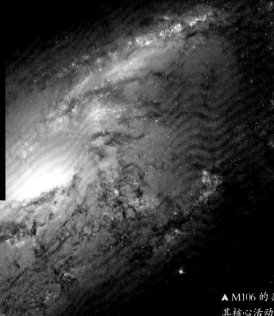

▲ M106 的杂乱模样是其核心活动的结果。

小档案

名称： M106
星座： 猎犬座
天空位置：
　　赤经 12h 18m 58s
　　赤纬 +47° 18.2'
星图： 5
距离： 2 400 万光年
直径： 14 万光年
星系类型： SAB(s)bc
黑洞质量：
　　4 000 万 × 太阳

棒中的恒星

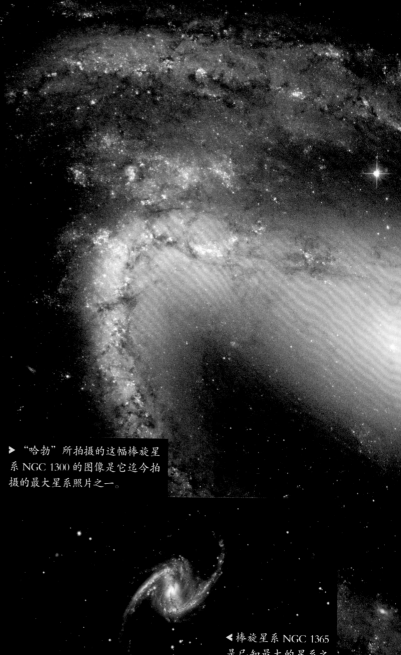

棒旋星系 NGC 1300 也被称为园艺喷灌星系，因为它的旋臂从其中央棒状结构的两端向外延伸，就像从旋转的园艺喷灌中射出的螺旋水柱。

NGC 1300 由约翰·赫歇尔在 1835 年发现。它是一个棒旋星系，位于南天的波江座，距离地球约 6 000 万光年。它的大小和银河系相等，在一定程度上二者具有相同的结构，在银河系的核心也有一个小型的棒状结构。

目前我们还不知道这样一个由恒星组成的细长中央棒状结构究竟是如何形成的。有可能是星系外部区域中的气体被输运到其中心，由此许多新的恒星会在那里形成。在轨道共振和潮汐力的作用下，这些恒星形成一个细长的结构，在几亿年的过程中逐渐改变形状。

对遥远星系的研究显示，棒旋星系在宇宙早期较为罕见。如今，2/3 的旋涡星系具有中央棒状结构。计算机模拟表明，这些棒的结构并不是长期稳定的，因此棒状结构被认为是暂时且也许会反复出现的现象。

在 NGC 1300 这个例子中已经可以看到该过程最初的迹象，在棒的中央可以看到一个漂亮而经典的旋涡结构。谁知道呢？也许 15 亿 ~ 20 亿年后，NGC 1300 将会再一次成为一个"正常"的旋涡星系。

▶ "哈勃"所拍摄的这幅棒旋星系 NGC 1300 的图像是它迄今拍摄的最大星系照片之一。

◀ 棒旋星系 NGC 1365 是已知最大的星系之一：它的大小至少是银河系的 2 倍。

视觉之旅：神秘的星际空间

彩色典藏版／修订版

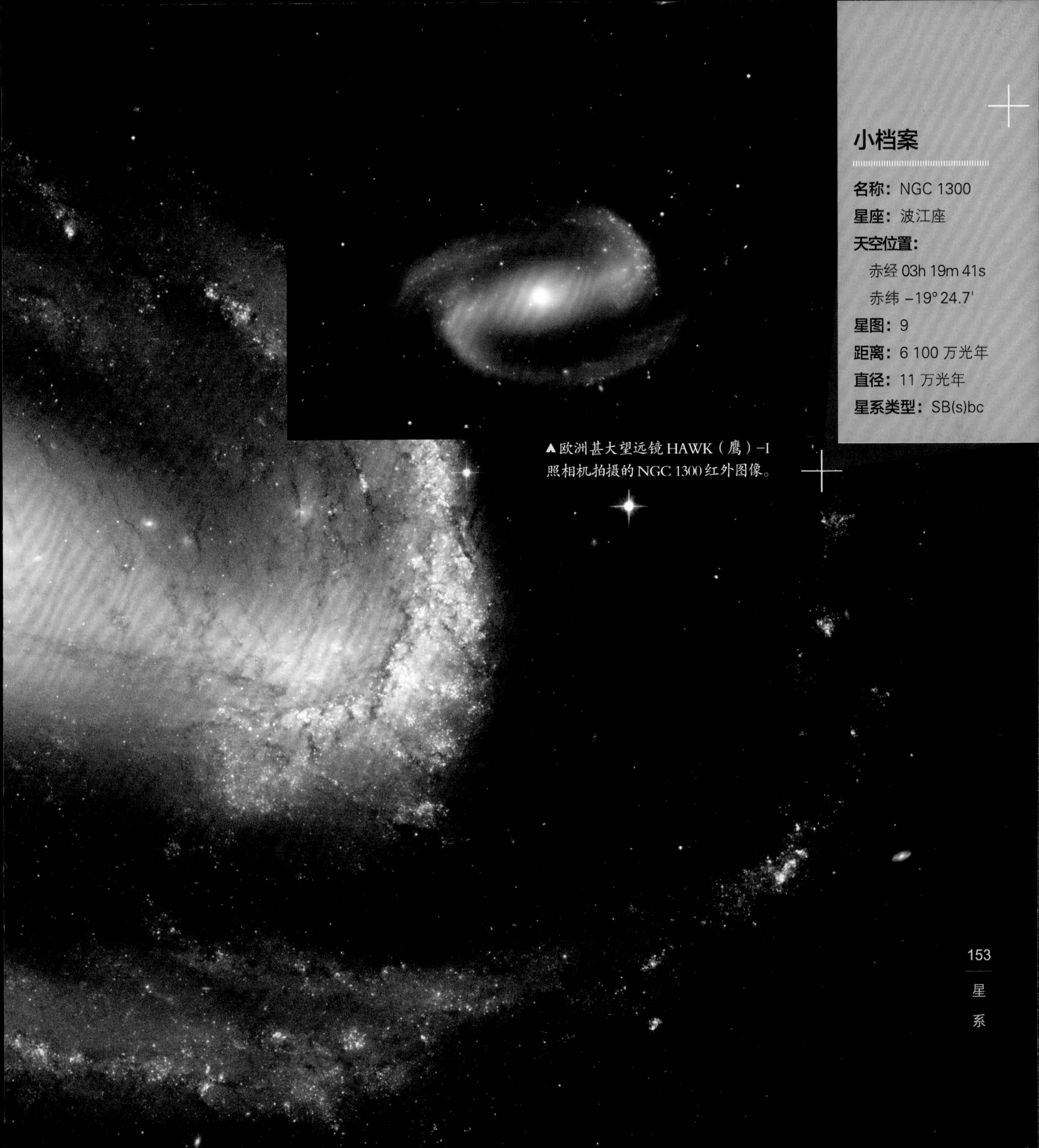

▲ 欧洲甚大望远镜 HAWK（鹰）–I
照相机拍摄的 NGC 1300 红外图像。

小档案

名称：NGC 1300
星座：波江座
天空位置：
　赤经 03h 19m 41s
　赤纬 –19° 24.7'
星图：9
距离：6 100 万光年
直径：11 万光年
星系类型：SB(s)bc

▶ Arp 273 是一对相互作用的星系。1 000 万年前，底部较小的星系可能从较大星系附近经过。

星系

　　可观测宇宙中有大约 1 000 亿个星系。我们可以从地球上做详细研究的只有其中一小部分。但是，如这几页上的照片所显示的，即便是这一小部分也呈现出了惊人的多样性。银河系（太阳的故乡）从外面看起来也绝对摄人心魄。

▼ 不，这不是一场宇宙"交通事故"。事实上，NGC 3314 由两个位于不同距离的星系组成，其中一个在另一个的前方。

▲ NGC 1097 是一个赛弗特星系，它的引力正在与一个较小的伴星系（右上）发生相互作用。

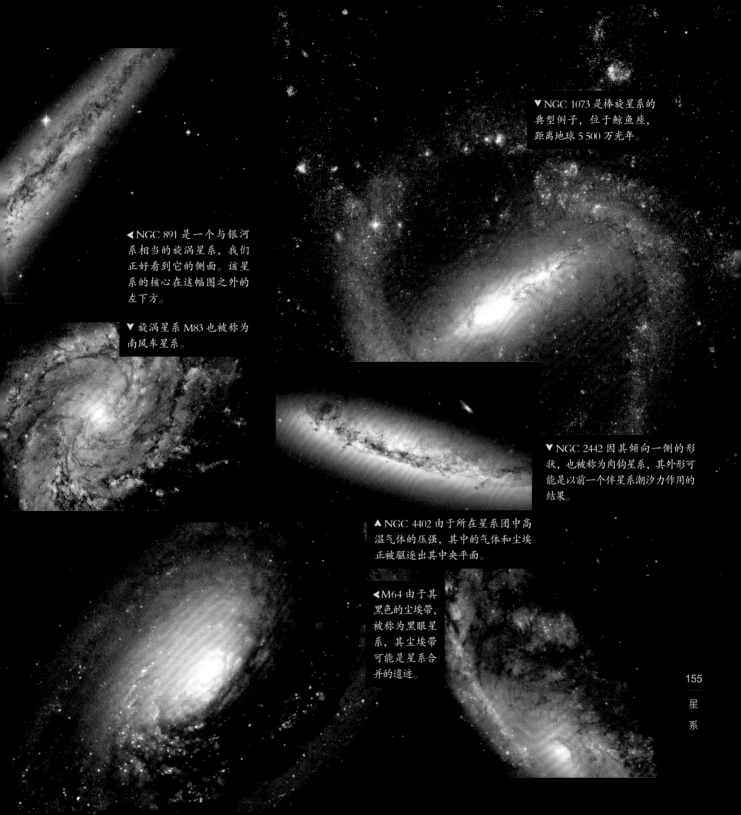

▼ NGC 1073 是棒旋星系的
典型例子，位于鲸鱼座，
距离地球 5 500 万光年。

◀ NGC 891 是一个与银河
系相当的旋涡星系，我们
正好看到它的侧面。该星
系的核心在这幅图之外的
左下方。

▼ 旋涡星系 M83 也被称为
南风车星系。

▼ NGC 2442 因其倾向一侧的形
状，也被称为肉钩星系，其外形可
能是以前一个伴星系潮汐力作用的
结果。

▲ NGC 4402 由于所在星系团中高
温气体的压强，其中的气体和尘埃
正被驱逐出其中央平面。

◀ M64 由于其
黑色的尘埃带，
被称为黑眼星
系，其尘埃带
可能是星系合
并的遗迹。

小档案

名称： 触须星系，
　　　　NGC 4038 / NGC 4039
星座： 乌鸦座
天空位置：
　　赤经 12h 01m 53s
　　赤纬 −18° 53.0'
星图： 11
距离： 4 500 万光年
碰撞： 6 亿年前
星系类型： SB(s)m pec/
　　　　　　SA(s)m pec
潮汐尾长： 50 万光年

+

"交通事故"

"哈勃"拍摄的触须星系照片是这场宇宙"交通事故"（两个星系间发生互相碰撞）的快照。现在已很难看出它们原来的形状（一个是"正常"的旋涡星系，另一个是棒旋星系），其残骸被抛射进了两个扭曲的"触须"中。要想造成如此严重的破坏，必须要有极高的冲撞速度。

触须星系也被称为 NGC 4038/NGC 4039，由威廉·赫歇尔于 1785 年发现，但他当时认为它们是一个行星状星云。他的儿子约翰·赫歇尔后来发现它们其实是两个星系。它们由于其因相互潮汐力而产生的长弧形气体和恒星尾，得名触须星系。现在我们已经可以用计算机模拟手段精确地再现这一碰撞过程。

在不到 10 亿年前，这两个星系相互靠近，使它们的形状不断扭曲变形。真正的"碰撞"发生在 6 亿年前，它们彼此穿过，就像银河系和仙女星系将在遥远的未来所发生的那样，这导致了其"潮汐尾"的形成。现在，这两个星系将再次落向彼此，它们将会在大约 4 亿年后并合成一个大型的椭圆星系。

在这两个星系之间的动荡区中有巨大的气体和尘埃云，在那里将会形成大量的新生恒星。在触须星系中我们已可以清晰地看见年轻明亮的"超级星团"。

▲ 触须星系的潮汐相互作用产生了这些弯曲的气体和恒星尾，也让它由此得名。

▶ 计算机模拟手段相当成功地再现了触须星系被观测到的结构。

视觉之旅：彩色典藏版／修订版
神秘的星际空间

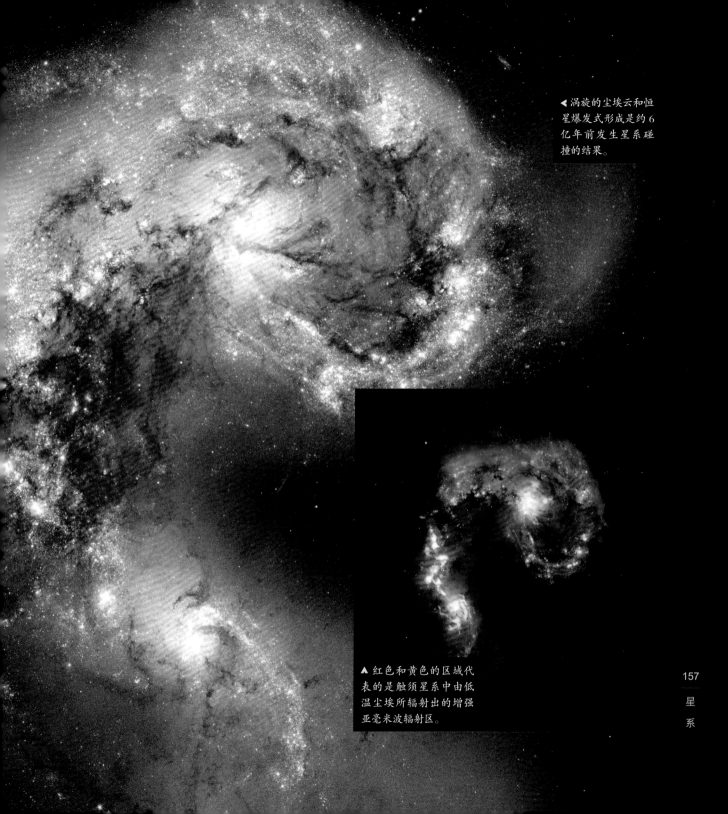

◀ 涡旋的尘埃云和恒星爆发式形成是约 6 亿年前发生星系碰撞的结果。

▲ 红色和黄色的区域代表的是触须星系中由低温尘埃所辐射出的增强亚毫米波辐射区。

小档案

名称：双鼠星系，
　　　NGC 4676
星座：后发座
天空位置：
　　赤经 12h 46m 10s
　　赤纬 + 30° 43.5'
星图：5
距离：2.9 亿光年
碰撞：1.6 亿年前
星系类型：Irr/SB(s)0 pec
潮汐尾长：30 万光年

宇宙碰撞

在宇宙中，没有停车标志，也没有交通法规；引力发动机总是会满负荷运转，没有任何办法可以阻止迎面而来的东西。尤其是在相对致密的星系群和星系团中，星系经常会相互碰撞。根据哈勃空间望远镜所拍摄的照片，天文学家甚至编纂了一本《碰撞星系图集》。

NGC 4676 因其长长的潮汐尾又被称为双鼠星系，是碰撞星系的绝佳范例。它位于后发星系团中，距离地球约 2.9 亿光年。其首次碰撞必定发生在约 1.6 亿年前。

当两个星系相互靠近时，它们一侧所受到的引力会比另一侧更强。由于这一差异，即潮汐作用，星系就会被扭曲和拉伸，由气体和恒星组成的弧线形潮汐尾就会被拖曳出来。我们在照片上看到的几乎笔直的"鼠尾"其实也是弯曲的，但由于我们是从侧向看过去的，因此分辨不出这一点。

计算机模拟手段可以精确再现并解释双鼠星系的演化。它也显示了星际气体和尘埃正在被驱赶向什么地方。在这些地区中，新的星团正在形成，它们是那些在照片中清晰可见的蓝色亮点。像触须星系一样，双鼠星系也会在未来并合成一个大型的椭圆星系，但这还需要几亿年的时间。

▶ 哈勃空间望远镜拍摄了这幅双鼠星系的动人照片。双鼠星系是两个相互作用的星系，有着长长的潮汐尾。

视觉之旅：神秘的星际空间　彩色典藏版·修订版

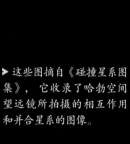

▶ 这些图摘自《碰撞星系图集》，它收录了哈勃空间望远镜所拍摄的相互作用和并合星系的图像。

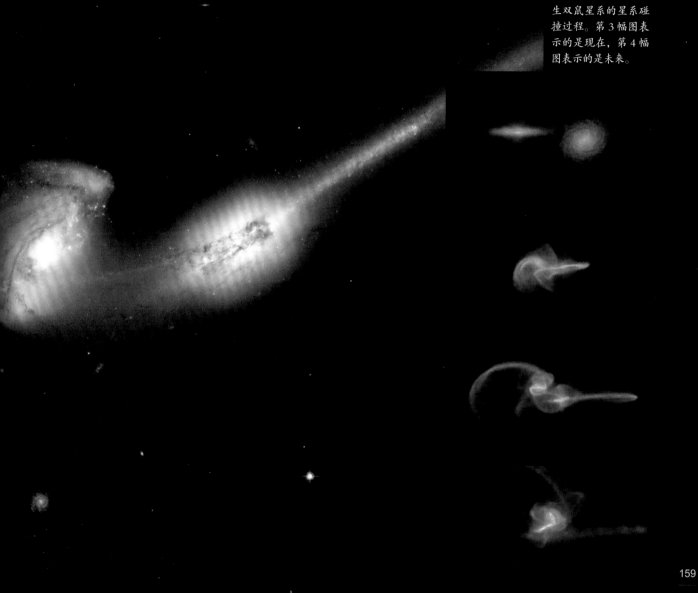

▼ 由计算机模拟的产生双鼠星系的星系碰撞过程。第 3 幅图表示的是现在，第 4 幅图表示的是未来。

小档案

名称: 雪茄星系，M82
星座: 大熊座
天空位置:
　　赤经 09h 55m 52s
　　赤纬 +69° 40.8'
星图: 1
距离: 1 200 万光年
直径: 35 000 光年
星系类型: I0
黑洞质量: 3 000 万×太阳

燃烧的雪茄

在距地球仅 5 倍于仙女星系（以天文学标准，近在咫尺）的地方，有一个高能星暴星系，其制造恒星的速度是银河系的 10 倍以上。M82（因其形状又称雪茄星系）这个星系的剧烈产星活动是几亿年前其邻近的旋涡星系 M81 从近处掠过它时受到引力扰动所引发的。

从地球上，我们几乎是从侧向看 M82 的，另外，该星系中有混乱的气体和尘埃云，所以基于以上两点，我们无法清楚地看到 M82 真实的结构。在很长一段时间里，M82 被分类为"不规则"星系，但我们现在知道，它是一个具有极其明亮且活跃核心的旋涡星系。单是它的核心，辐射出的能量就是整个银河系的 5 倍。

在这个星系的中心有一个质量约为太阳 3 000 万倍的超大质量黑洞。这个黑洞的活动和数以百计的年轻星团的高能辐射把星际气体沿着垂直于其星系盘的两个方向向外吹出。目前，天文学家使用射电波和 X 射线望远镜已观测到了这些被驱逐的气体。

随着在 M82 中诞生众多新的大质量恒星，那里不出意外会发生许多超新星爆发：每世纪大约 10 次。最近一次发生在 2014 年 1 月。这是一次 Ia 型爆发，由白矮星爆炸形成。

▼ M82 中心区域的射电亮条是带电粒子与其磁场相互作用所产生的。

视觉之旅：神秘的星际空间　彩色典藏版·修订版

▲ 根据 M82 的红外、光学和 X 射线观测制作出的五颜六色的合成图像。

▼ 透镜状星系 NGC 524 仍然表现出了微弱的旋涡结构遗迹，但它并不具有富含气体的旋臂。

▲ 像透镜状星系一样，车轮星系也没有旋臂。在这里，它的环形结构是与伴星系碰撞的结果。

▼ NGC 4710 是一个侧向的透镜状星系。

无所适从

无论何时，只要人类试图对自然进行分门别类，就会有中间形式突然冒出来，完全搅乱我们所有整齐划一的分类系统。矮行星在小行星和"真正"的行星之间设置了一道栅栏，褐矮星则是恒星和气态巨行星之间的中点站，而神秘的透镜状星系则结合了旋涡星系和椭圆星系的特性。

不同于椭圆星系，透镜状星系有一个扁平的盘，大多数恒星都集中在此，但它们没有旋臂，也几乎不含星际气体。因此，在其中鲜有新的恒星形成，和椭圆星系的情况类似，位于其中的恒星大多数都相当年迈。

天文学家并不清楚透镜状星系的确切起源。粗略地说，有两种假说。第一种假说认为，它们是"熄灭"的旋涡星系，星系中的气体已耗尽，所以没有新的恒星诞生。随着时间的推移，它会失去其典型的旋涡结构。在一些透镜状星系中央确实仍存在棒状结构。

第二种假说提出，透镜状星系是两个较小星系碰撞并合的产物。在碰撞发生后，有一个新生恒星的"婴儿潮"，随后气体储备即被耗尽。车轮星系可能是支持这一解释的很好的例子。透镜状星系也经常包含一些星际尘埃，它们有时会位于旋涡结构中，如果从侧向看则呈黑色的条带。

小档案

||||||||||||||||||||||||||

名称：M87

星座：室女座

天空位置：

　赤经 12h30m 49s

　赤纬 +12°23'8"

星等：8

距离：5 400 万光年

直径：100 万光年

星系类型：E+0-1pec

黑洞质量：65 亿 × 太阳

▼ 除了在 1918 年就已被观测到的显著喷流之外，巨椭圆星系 M87 没有观测到内部结构。

▲ "哈勃" 对 M87 喷流的特写显示出了扭结和节点，它们是其中心黑洞爆发的 "化石遗迹"。

◄ 射电望远镜勘测了距 M87 极其遥远的巨型高能电子瓣。

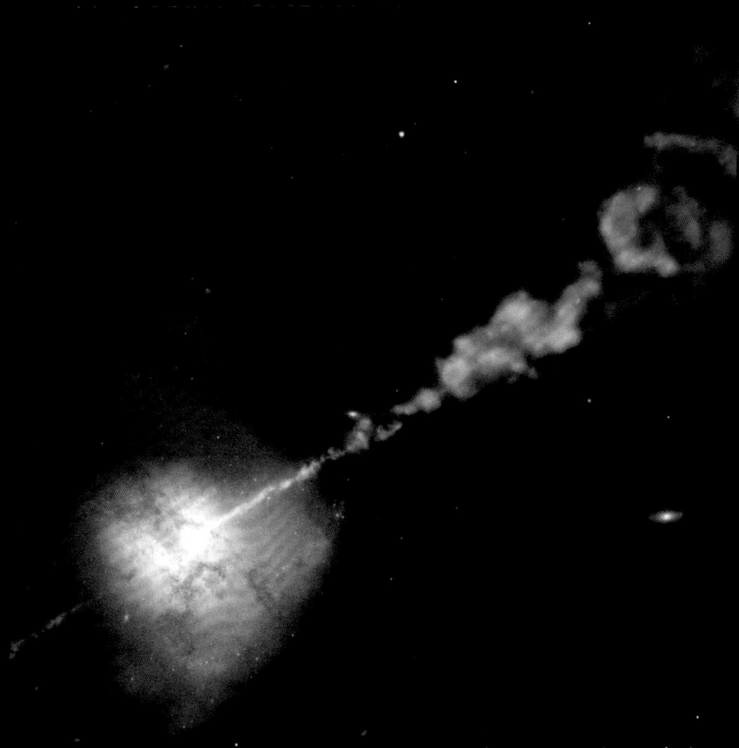

中央的黑洞

大约 40 年前，天文学家才发现在银河系的中央有一个巨大的黑洞。我们现在知道，在宇宙中几乎每个星系的核心都有一个超大质量黑洞。有时，通过靠近星系核的恒星速度可以见识到它们引力的威力。在其他情况下，根据星系核在射电波和 X 射线波段的活动也可以推测出超大质量黑洞的存在。

银河系中心黑洞的质量是太阳的 400 万倍。这个数字看似很大，但相对其他星系中的超大质量黑洞却无足轻重。M87 中央黑洞的质量是太阳的 65 亿倍，椭圆星系 NGC 3842 和 NGC 4889（距离地球均约 3.3 亿光年）所含黑洞的质量分别为太阳的 100 亿倍和 200 亿倍。

没有人确切地知道这些超大质量黑洞的起源。它们可能是由强劲超新星所产生的无数"恒星"质量黑洞并合而成的。在任何情况下，超大质量黑洞的生长似乎都和它宿主恒星的生长是同步的：它们的质量始终占其宿主星系中央核球质量的 0.1%。

有两个星系在它们的核心存在两个超大质量黑洞。这些双黑洞系统可能是由两个较小星系碰撞并合而形成的。

▼ 多数超大质量黑洞都会被浓厚的暗尘埃环所包围。

▲ 像 Arp 220（照片背景）这样的特殊星系都拥有中央超大质量黑洞，它们会向太空射出物质和辐射喷流（艺术叠加）。

▼ 在这幅艺术概念图中，黑洞周围有一个由向内的下落物质所组成的旋转吸积盘。

◄ 星系 NGC 3842（左下）有一个超大质量黑洞，其质量是太阳的 100 亿倍。

<table>
<tr><td>+</td></tr>
</table>

小档案

名称: 半人马 A,
NGC 5128

星座: 半人马座

天空位置:

赤经 13h 25m 28s

赤纬 −43°01.1'

星图: 11

距离: 1 100 万光年

直径: 10 万光年

星系类型: S0 pec

黑洞质量: 5 500 万×太阳

近处的活动星系

在宇宙中所有的活动星系里,NGC 5128 距离我们最近,为 1 100 万光年多一点。得益于它相对较近,使用小型望远镜我们就能轻易地看到它。不过,你需要身处热带或南半球,因为 NGC 5128 位于南天的半人马座。

在一架普通的天文望远镜中,NGC 5128 看上去像一个椭圆或者侧向的透镜状星系。它的明亮核心布满了黑色而弯曲的尘埃带。这些尘埃带惊人的形状和它所包含的无数年轻星团表明,NGC 5128 是数亿年前小型星系碰撞并合的产物。

通过射电望远镜则可以看到这个星系完全不同的景象,射电天文学家称它为半人马 A。从它的核心沿着相反的方向射出了两道由高速运动电子组成的巨大喷流,长度超过了 100 万光年。这些喷流中的物质会撞击星系际空间内稀薄的气体,产生巨大的射电"瓣"。

天文学家在宇宙中已发现了许多这样的射电星系,但半人马 A 距离地球最近,因此可以被非常仔细地研究。和其他射电星系一样,半人马 A 的喷流源自其星系核中超大质量黑洞的边缘。半人马 A 黑洞的质量约是太阳的 5 500 万倍。

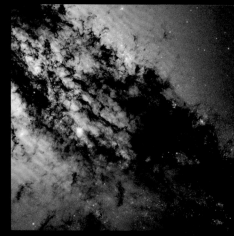

▲ 该星系核心的特写显示出了湍动的尘埃云和明亮的恒星形成区。

视觉之旅: 神秘的星际空间

彩色典藏版(修订版)

▶ 在红外波段下,美国国家航空航天局的斯皮策空间望远镜观测到了从各个方向流向该系核心的高温尘埃所发出的辐射。

▶ 这幅长时间曝光的照片显示了椭圆星系半人马 A 的外部区域是如何延伸到远离其富含尘埃的中心之外的。

▲ 美国国家航空航天局的钱德拉 X 射线天文台花了 7 天时间来观测半人马 A，由此获得了该星系强劲喷流的精细图像。

▲ 亚毫米波（橙色）和 X 射线（蓝色）观测被综合到了这幅半人马 A 的可见光图像上，以此来揭示其喷流和射电瓣。

小档案

名称：3C273
星座：室女座
天空位置：
　赤经 12h 29m 07s
　赤纬 +02° 03.1'
星图：5
距离：24 亿光年
直径：30 万光年
星系类型：Sy1
黑洞质量：9 亿 × 太阳

类星体问题

20 世纪 50 年代末，射电天文学仍处于起步阶段，许多宇宙射电源的真正本质依然未知。在那个时候，即便是它们在天空中的位置也无法被精确地测定。

1962 年，当天文学家成功地确定 3C273（第 3 剑桥射电源表中编号为 273 的天体）在天空中的精确位置时，它乍看之下似乎是一颗小而暗弱的星。但荷兰裔美国天文学家马腾·施密特采用分光测量表明，它必然位于近 25 亿光年之外，这意味着它是一个类星体——能释放出巨大能量的极遥远星系。

我们现在知道，类星体其实是遥远星系非常活跃的核心。这些星系核中的超大质量黑洞会吞噬众多的物质，把大量的气体和辐射喷射入太空。类似 M87 和半人马 A，3C273 有一道令人印象深刻的喷流，会产生大量的 X 射线。

在宇宙早期，这样的活动星系要比现在多得多。它们看上去是什么样子很大程度上取决于我们的视角。如果我们从侧向看去，其极其明亮的核心就会几乎或完全被浓密的气体和尘埃环所遮蔽，我们会看到一个射电星系或者一个类星体。如果它们的喷流直接对准了我们，那我们就会看到一个明亮的"耀变体"。

▶ 在靠近该类星体核心的地方，哈勃空间望远镜拍摄到了这幅 3C273 喷流的美丽图像。

▶ 对 3C273（右下白点）精细的射电观测表明，其喷流止于一个较大的射电辐射瓣（着色区域）。

▶ 活动星系 NGC 3783 的类星体状核心从近处看的样子。

◀ 这幅艺术概念图描绘了类星体 ULAS J1120+0641，它由一个质量为太阳 20 亿倍的超大质量黑洞所驱动。

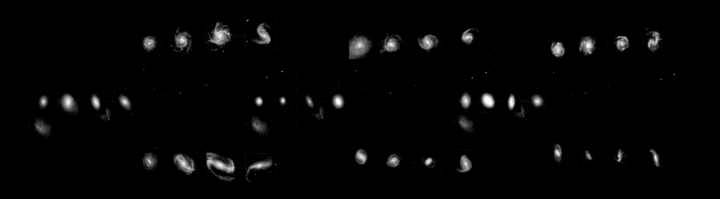

星系生长

使用哈勃空间望远镜，天文学家已在数十亿光年之外发现了极其暗弱的天体。这意味着，他们回溯了数十亿年的时光：来自这些遥远星系的光必定是在宇宙还非常年轻时所发出的。得益于这些"深场"观测，虽然细节往往还不清楚，但我们已对星系形成和演化有了更好的了解。

在宇宙大爆炸之后最多 1 亿年，第一代星系就必定已经形成。它们的形状往往不规则，尺度和质量也都比银河系要小得多，主要包含质量极大且迅速演化的恒星。在几十亿年的时间中，这些较小的星系会并合形成较大的星系，后者往往会"发育"出宏伟的旋涡结构。

此后，大型的旋涡星系会发生碰撞，形成巨椭圆星系。

然而，很多问题仍然没有答案。在大爆炸之后这么短的时间内，中央有着巨型黑洞的大型星系是如何形成的？早期宇宙中的第一波强劲辐射是主要来自恒星还是活动星系核？根据最佳的理论和计算机模拟，在类似银河系的大型旋涡星系周围应该蜂拥着数百个矮星系，它们现在到底在哪里？

科学家们希望，借由新的大型望远镜，例如位于智利的阿塔卡马大型毫米波 / 亚毫米波阵列以及哈勃空间望远镜未来的"继任者"詹姆斯·韦布空间望远镜的观测，这些问题中的大部分能得到解答。

▲ 从 110 亿年前（右）到今天（左），这 3 栏显示了椭圆、旋涡和棒旋星系随着时间推移的演化过程。

▲ 即便是哈勃空间望远镜在极早期宇宙所观测到的小型星系似乎也拥有超大质量黑洞。

宇宙的窗口

人眼能感知的只有可见光，即波长在 400 纳米（紫色）到 700 纳米（红色）之间的电磁辐射。因此，人们花了很长的时间才发现自然界中还有完全不同类型的辐射存在。1800 年，威廉·赫歇尔偶然发现了红外辐射，1801 年约翰·里特发现了紫外线辐射，1895 年威廉·伦琴发现了 X 射线。在宇宙中也存在所有这些其他类型的辐射。所以，如果只在可见光波段下研究宇宙就会非常受限。在可见光下无法看到许多天体和现象。例如，20 世纪问世的射电天文学使人们有史以来第一次勘测了宇宙中大型的低温中性氢气云。在磁场中高速运动的电子也会发出射电波。

低温气体和尘埃云会发出毫米波和亚毫米波辐射（介于射电波和红外辐射之间）。位于智利的阿塔卡马大型毫米波 / 亚毫米波阵列会对这些辐射进行测量，进而使人们更多地了解星系、恒星和行星的诞生。通过这些辐射，天文学家还能以最佳的方式来研究宇宙中的复杂分子以及宇宙背景辐射——宇宙大爆炸的"回声"。

室温物体所发出的辐射主要是红外辐射（热辐射）。使用地面和空间中的红外望远镜，天文学家研究了被消光尘埃云所遮蔽的恒星形成区，它们在光学望远镜下是不可见的。红外望远镜也非常适合观测十分遥远的星系。

来自宇宙的高能短波长辐射（紫外线、X 射线和 γ 射线）只有在太空中才能被观测到：大气层保护了地球上的生命免受这些致命辐射的伤害。紫外波段的观测主要集中在年轻高温的巨星、白矮星和其他星系中的星暴。

要想看到宇宙中温度最高且最剧烈的现象：星际空间中高温稀薄的气体、吞噬物质的黑洞、高速自转的中子星以及超新星爆炸，必须要使用 X 射线望远镜。超新星爆发也会产生 γ 射线，后者是自然界中能量最高的辐射。天文学家在 γ 射线波段进行观测，以此来研究 γ 射线暴、宇宙中的放射性过程以及物质和反物质的湮灭。

除了电磁辐射，宇宙中还有宇宙射线：从太空来到地球的高能带电粒子。这些亚原子粒子中的一些所具有的能量与一个被高速击打的网球相当！目前还不清楚这些粒子来自哪里。宇宙中微子的情况也与之相同，必须要使用特殊的地下探测器才能探测到它们。

还有一种宇宙信号是引力波，爱因斯坦的理论预言了引力波的存在。2016 年 2 月 11 日，激光干涉引力波天文台和室女座引力波天文台宣布首次探测到了来自双黑洞合并的引力波信号。2017 年 10 月 16 日，全球多国科学家宣布，人类第一次直接探测到了来自双中子星合并的引力波。

▲ 在不同的波段上，银河系的样貌会全然不同。从下往上第 3 栏显示的是可见光影像。

▼ 射电望远镜揭示了星系武仙 A（又称 3C348）两侧巨大的高能粒子喷流。

▲ 20 世纪 30 年代，卡尔·央斯基用这种旋转天线研究了来自地球以外的无线电波。

◄ 斯皮策空间望远镜所拍摄的近 3 000 幅红外照片被用来制作这幅仙女星系的拼接图，展示出其旋臂中的尘埃带。

▼ 如这幅亚毫米波段图像所示，在恒星形成区域 RCW120 中，高温气体（橙色）的压强使周围温度较低的物质聚集成团。

▼ 室女座引力波天文台位于意大利比萨城附近，它正在搜寻时空中的微小涟漪。

▲ 对极年轻行星状星云旋镖星云的毫米波观测显示，其膨胀气体的温度极低。

► 在这幅由美国国家航空航天局星系演化探测器所获得的紫外图像中，蓝色和白色区域标记的是三角星系中恒星形成区。

169

宇宙的窗口

星系团

乔治·阿贝尔必定会经常眼睛酸疼。1957 年，这位美国天文学家为其博士研究的部分工作在帕洛玛巡天底片上花了非常长的时间，底片记录了数以百万计的恒星和暗弱的星系。由于当时没有计算机，所以阿贝尔不得不用肉眼来筛查所有的影像，进而寻找星系团：在天空中由几十或几千个距离相同的星系所组成的紧密集合。1958 年阿贝尔公布了他的"北天巡天"结果——一份包含了 2 712 个星系团的星表。20 世纪 70 年代，这一星表又增加了"南天巡天"的结果，列出了 1 361 个星系团。

阿贝尔的开创性工作显示，星系在整个宇宙中的分布并不是规则的。它们是小型星系群的成员，后者构成了更大的星系团，而星系团则往往会聚集成细长形的超星系团。这些超星系团之间的广袤空间是空旷得难以想象的超巨洞，几乎不含有任何星系。

得益于强大的望远镜和灵敏的摄谱仪所进行的大尺度观测，天文学家勘测出了宇宙的"肥皂泡"结构。利用引力透镜所做的测量让天文学家们能确定神秘暗物质的分布。

研究星系团和超星系团对于进一步了解宇宙演化是必不可少的。目前的大尺度结构起源于大爆炸之后膨胀宇宙中高温气体的密度微小涨落。

◄ 在这幅哈勃空间望远镜所拍摄的照片中，背景星系的影像被
遥远星系团阿贝尔 2744 的引力放大并扭曲。

小档案

名称: 室女星系团

星座: 室女座

天空位置:

　　赤经 12h 27m

　　赤纬 +12° 43'

星图: 5

距离: 5 500 万光年

直径: 1 500 万光年

质量: $1.2 \times 10^{15} \times$ 太阳

星系数量: 1 500

▶室女星系团是一个至少包含有 1 500 个星系的巨大星系团，其中包括明亮的椭圆星系 M49 和 M87。

▶在这幅长时间曝光的照片中，前景恒星的光被圆形黑斑遮挡，以此呈现出了暗弱星系晕的真实范围。

◀在靠近巨椭圆星系 M60 的地方有一个较小的旋涡星系 Arp 116。这两个星系都隶属于室女星系团。

视觉之旅：神秘的星际空间

彩色典藏版 修订版

室女星系团

最大的"近距"星系团位于室女座中。1781 年，夏尔·梅西叶注意到，在那里的天空中有很多"星云"，其中有两个明亮的，他将它们命名为 M49 和 M87。1931 年，美国天文学家埃德温·哈勃最早使用了"室女星系团"这一术语。现在我们知道，这个星系团中包含有至少 1 500 个星系，距离地球 5 000 万 ~ 6 000 万光年。

有趣的是，和其他大多数星系团中的情况一样，室女星系团中单个星系之间的空间并不是绝对真空的。这个星系团直径约 1 500 万光年，其中充满了温度高达 3 000 万摄氏度的稀薄气体——主要是氢和氦。这些超高温气体只有用 X 射线望远镜才能看到。此外，在它的星系际空间里，天文学家还发现了大量的孤立恒星和行星状星云。据估计，室女星系团中有 1/10 的恒星不属于任何星系！

对室女星系团中数百个星系距离和运动的精确测量为了解其空间结构提供了信息。旋涡星系都分布在一个细长的带中，它基本上指向银河系的方向，大质量的巨椭圆星系则聚集在其中心附近的球形区域里。室女星系团隶属于室女超星系团，银河系所在的本星系群也是该超星系团的一员。

◄ *无论是银河系（顶图）所在的本星系群还是室女星系团，都属于细长条形的室女超星系团。*

小档案

名称： 后发星系团，
　　　阿贝尔 1656
星座： 后发座
天空位置：
　　赤经 13h 00m
　　赤纬 +27° 59'
星图： 5
距离： 3.2 亿光年
直径： 2 000 万光年
质量： $7 \times 10^{14} \times$ 太阳
星系数量： 1 000

后发星系团

后发星系团因其所在的星座得名，它到地球的距离是室女星系团的 6 倍。在 20 世纪 50 年代末编撰"富"星系团表的美国天文学家乔治·阿贝尔将后发星系团收录为 A1656。和室女星系团一样，它包含了 1 000 多个星系，主要是大型的椭圆星系。

　　在靠近后发星系团中心的地方有两个巨椭圆星系：NGC 4874 和 NGC 4889。它们都被大量的球状星团所包围（室女星系团中巨椭圆星系 M87 也是如此）。这些星团中大部分都是极其年老的恒星，在星系本身形成之前就已诞生，不过它们在星团演化中所扮演的准确角色目前还不清楚。

　　1933 年，瑞士裔美国天文学家弗里茨·兹维基发现，后发星系团中的单个星系运动得"太快"了。换句话说，这个星系团中所含的（可见）物质总量不足以维系住它们。然而，星系团是一个"束缚系统"，由自身的引力来维系。这使兹维基得出结论，该星系团必定含有大量的暗物质，它们不产生任何可见的辐射，但却会对其周围的环境施加引力作用。

　　如今，天文学家认为，宇宙中至少有 3/4 的物质由暗物质构成，后发星系团也必须如此。然而，除了它们不可能是由普通的原子和分子所构成的之外，我们对暗物质的真正本质所知甚少。

▲ 在这幅后发星系团的红外图像中可以看到许多矮星系（呈绿色光斑）。

▼ 哈勃空间望远镜观测到的 3.2 亿光年之外后发星系团的中心。

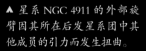

▲ 星系 NGC 4911 的外部旋臂因其所在后发星系团中其他成员的引力而发生扭曲。

大就是美

星系团拥有巨大的尺寸，但它们并不是宇宙中最大的结构。几乎每个星系团都属于一个更大的超星系团。例如，后发星系团与其相邻的狮子星系团一起构成了后发超星系团，室女星系团位于一个细长形的超星系团的中心区域，而我们的本星系群则位于其最外围的区域。室女超星系团包含了约 5 000 个星系。

在距离地球远得多的地方，天文学家已经发现了数百个超星系团。在大多数情况下，它们由较小的星系团所组成，呈细长的链条状。在半径约 13 亿光年的范围内，天文学家已经发现了约 130 个超星系团。鉴于这仅仅是可观测宇宙半径的 10% 左右，整个宇宙会包含约 10 万个超星系团。

距离我们较"近"的大型超星系团包括英仙－双鱼超星系团和长蛇－半人马超星系团。后者包含了一个"巨引源"，其中包含了大量的物质。包括银河系在内，室女超星系团正在以 600 千米每秒的速度"落"向它。

宇宙中最大的结构是由数十万个星系所组成的漫长巨"壁"。例如，其中一道巨壁发现于 1989 年，距离地球约 2 亿光年，长度超过 5 亿光年。斯隆巨壁甚至更长，达 14 亿光年；而根据遥远 γ 射线暴空间分布于 2013 年发现的武仙－北冕巨壁的长度则超过了 100 亿光年。

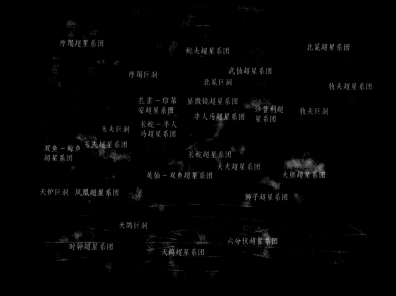

▲ 在这幅宇宙超星系团的三维分布图中看不到银河系，因为它实在太小了。

▲ 这幅图像中的大多数星系都属于超星系团阿贝尔 901/902，其直径为 1 600 万光年，距离地球超过 20 亿光年。

▼ 位于美国新墨西哥州阿帕奇天文台的斯隆望远镜发现了宇宙中已知最大的结构——斯隆巨壁。

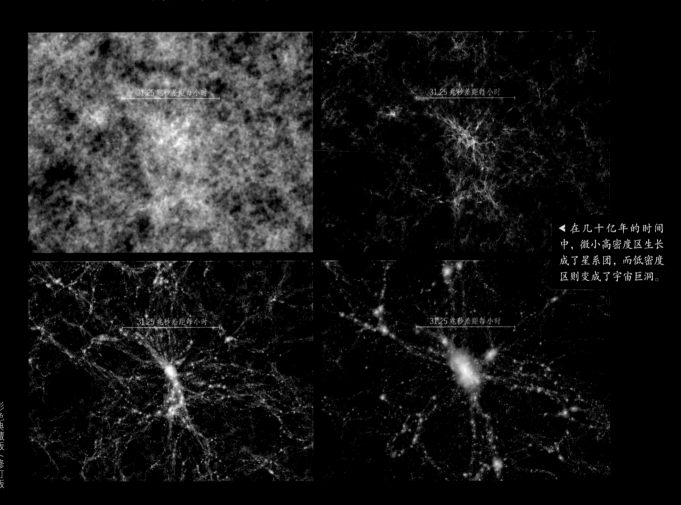

▲计算机模拟展示了在一个膨胀的宇宙中气体是如何聚集形成今天我们所看到的大尺度结构的。

31.25 兆秒差距每小时

31.25 兆秒差距每小时

31.25 兆秒差距每小时

31.25 兆秒差距每小时

◀在几十亿年的时间中，微小高密度区生长成了星系团，而低密度区则变成了宇宙巨洞。

176

视觉之旅：神秘的星际空间　彩色典藏版／修订版

宇宙肥皂泡沫

在 20世纪中叶，通过研究夜空的照片并寻找星系的聚集区，乔治·阿贝尔发现了数千个星系团，但是为了确定所有这些星系在空间中是否是真正地聚集在一起，测定它们与地球的距离就显得至关重要。近几十年来，得益于大规模的巡天项目，几十万个星系与地球的距离已经被测定。宇宙学家现在对于宇宙的三维大尺度结构已经有了一幅清晰的图像。

这一空间分布与肥皂泡沫非常类似。宇宙的大部分是空的，以硕大的超巨洞形式出现，即"肥皂泡"，它里面几乎不包含任何星系。这些基本上呈球形的巨洞会被星系"薄膜"所包裹。其中两片薄膜相交的时候，就会形成类似巨壁这样细长形的超星系团，当这些细丝相交叉的时候，便形成了乔治·阿贝尔所看到的富星系团。

这一观测到的大尺度结构与计算机模拟对宇宙演化的预言高度一致。在这一过程中，神秘暗物质起到了重要作用。在膨胀的宇宙中，暗物质在其自身引力的作用下率先开始成团。只有当它们聚集形成的密度足够高，"普通"物质才会被它们吸引到一起形成星系。最吸引人的想法是，宇宙的大尺度结构可能起源于大爆炸之后不久小到令人难以置信的量子涨落。

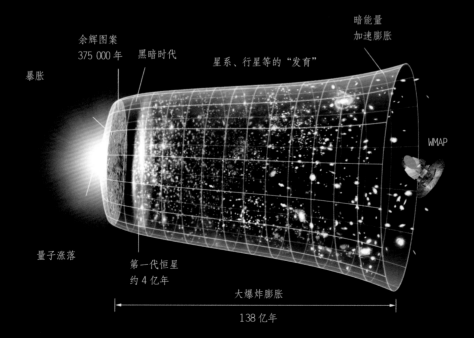

暴胀

余辉图案
375 000 年　黑暗时代

星系、行星等的"发育"

暗能量
加速膨胀

WMAP

量子涨落

第一代恒星
约 4 亿年

大爆炸膨胀

138 亿年

◀ 美国国家航空航天局威尔金森微波各向异性探测器（WMAP）研究了宇宙从 138 亿年前的大爆炸到今天的演化过程。

扭曲的影像

星系团本身就非常吸引人，但天文学家还能以另一种完全不同的方式来利用它们——作为天然望远镜。简单地说，星系团的引力会扭曲更遥远星系所发出的光。我们可以利用这些"引力透镜"来研究更遥远的星系，否则它们会因太遥远而无法被看见。

爱因斯坦早在1916年即预言强大引力场中的光线会发生弯曲，3年后英国天文学家亚瑟·爱丁顿爵士证明这一预言是正确的。然而，直到1979年人们才发现了第一个"引力透镜"，当时天文学家观测到一个遥远类星体的像被一个距离地球较近星系的引力放大并分成了两个。从那时起，天文学家又发现了数百个"引力透镜"。

透过星系团来看一个远处的背景天体，就像通过一块透镜来看这个世界。这个星系的影像会被分割成几个，它们会被拉伸成长长的弧形，这些像的亮度也会被"引力透镜"增强，从而可以利用大型望远镜对其进行详细的观测。例如，哈勃空间望远镜新的前沿场项目就是专门设计来进行这类观测的。研究"引力透镜"和光弧不仅为宇宙中最遥远的星系还为星系团中暗物质的分布提供了大量的信息，后者可以通过仔细地探测"引力透镜"的工作机制来勘测。

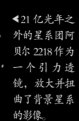

◀ 21亿光年之外的星系团阿贝尔2218作为一个引力透镜，放大并扭曲了背景星系的影像。

◀ 如果近乎完美对齐的话，前景星系的引力会把背景天体的影像拉伸成一个爱因斯坦环。

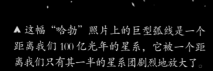

▲ 这幅"哈勃"照片上的巨型弧线是一个距离我们100亿光年的星系，它被一个距离我们只有其一半的星系团剧烈地放大了。

▶ 在引力透镜下，前景星系的引力会使遥远星系的光发生弯曲，形成多个影像。

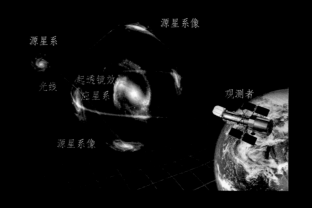

源星系像
源星系
光线
起透镜效应星系
源星系像
观测者

视觉之旅：神秘的星际空间

彩色典藏版／修订版

子弹星系团

除了"强引力透镜"效应之外，星系团也具有"弱引力透镜"效应。遥远背景星系所发出的光在飞往地球的数十亿年过程中，其影像会被复杂的引力场稍稍地扭曲。通过对数千个暗弱背景星系形状和指向进行统计研究，天文学家能够确定暗物质在空间中的分布。

该方法被用于子弹星团的研究，子弹星团距离地球超过 35 亿光年。目前已经知道，它是在大约 1.5 亿年前由两个星系团碰撞而产生的，当时一个较小的星系团径直穿过了另一个更大的星系团。在大多数情况下，单个的星系会彼此飞过，但这一碰撞会使星系间的高温星系团内的气体在这两个星系团的中间聚集。使用 X 射线望远镜可以看到这一现象。

通过测量子弹星系团对遥远背景星系的"弱引力透镜"效应，可以勘测出暗物质在这个双星系团中的分布。结果显示，就像大多数理论所预言的，暗物质与可见的星系紧紧地连在一起。

这种方法也被用来测量暗物质在宇宙其他地方的空间分布。在某些情况下，天文学家们甚至可以获得其精确的三维分布图。他们希望通过这方面的研究来更多地了解暗物质。

小档案

名称： 子弹星系团
星座： 船底座
天空位置：
　赤经 06h 58m 38s
　赤纬 −55° 57.0'
星图： 10
距离： 36 亿光年
碰撞： 1.5 亿年前
直径： 500 万光年
质量：
　$2.5 \times 10^{14} \times$ 太阳

▼ 在这幅子弹星系团的合成图像中，发出 X 射线的高温气体（粉色）和暗物质（蓝色）的分布极为不同。

◀ 阿贝尔 520 是一个类似子弹星团的并合星系团。然而，在这个星系团中，暗物质（蓝色）似乎都聚集在其中心。

▶ 在这幅哈勃空间望远镜所拍摄的一小片天区中可以看到数千个遥远的星系。在我们可观测的宇宙中包含有几千亿个星系。

视觉之旅：神秘的星际空间

彩色典藏版／修订版

宇　宙

宇宙学研究宇宙的诞生、演化和结构，根据定义是最包罗万象的科学。当然，它也需要极大的想象力。好几个世纪以来，宇宙学所探究的问题都是在宗教和哲学领域。比如：世间的一切是如何开始的？人类在我们这个伟大的宇宙中处于什么地位？

直到 20 世纪初，有关宇宙起源和演化的寓言、神话和猜想才逐渐让位给了基于客观观测的科学见解。近年来，这些观测已经变得十分精确，一些天文学家甚至已开始谈论"精确宇宙学"。

不过，这个似乎有点为时过早。无论我们现在对于宇宙大尺度结构、星系的最早期演化以及宇宙背景辐射（大爆炸的"回声"）知道了多少，对宇宙组成中 96% 的真正特性我们仍然一无所知，也没有人知道在我们自己的宇宙之外（或与我们的宇宙平行之处）是否还存在着无数其他的宇宙。

甚至没有人认为，也许有一天我们能找到所有的答案，人类的大脑或许根本就不是配备用来完全理解宇宙的。但有一点是清楚的：人类是宇宙不可分割的一部分，我们不能把自身的存在孤立于宇宙数十亿年来所发生的演化之外。

爱因斯坦的四维宇宙

▲ 三维空间无限，时间不断流逝，永无止境：这是 17 世纪牛顿的观点。

几百年前，对于人类来说，宇宙还是很简单易懂的。根据 17 世纪最伟大科学家牛顿的观点，空间和时间都是绝对且一成不变的背景，所有的自然事件和现象都发生在其之上。空间是一个无尽的虚空，有着 3 个坐标（前 / 后、左 / 右、上 / 下），它可以很好地类比成一张三维的方格纸；时间是一个绝对的时钟，从过去到未来沿着时间线一秒一秒地向前移动。在牛顿的宇宙中，时间和空间完全独立地存在，即使宇宙是完全真空的且什么都没有发生过。

　　20 世纪初，人们的直观感受不得不让位于爱因斯坦的观点，即空间和时间是相对的。在爱因斯坦看来，空间和时间不可避免地相互联系在一起，两者都不是绝对的。距离、时间周期甚至同时性全都是相对的概念，对于不同的观测者来说完全不同。此外，它们不仅会受到观察者的运动的影响，还会被物质左右，正是物质决定了四维时空弯曲和扭曲发生的地点与程度。我们所感受到的引力实际上就等价于爱因斯坦时空被扭曲的观点。这一观点并没有使空间和时间更容易被理解，但它却使我们的观念变得更加普适。如果没有爱因斯坦的"延展性"四维时空理论，我们永远都不会发现诸如宇宙膨胀、黑洞、引力波或虫洞这样的现象和概念。

视觉之旅：神秘的星际空间　彩色典藏版〈修订版〉

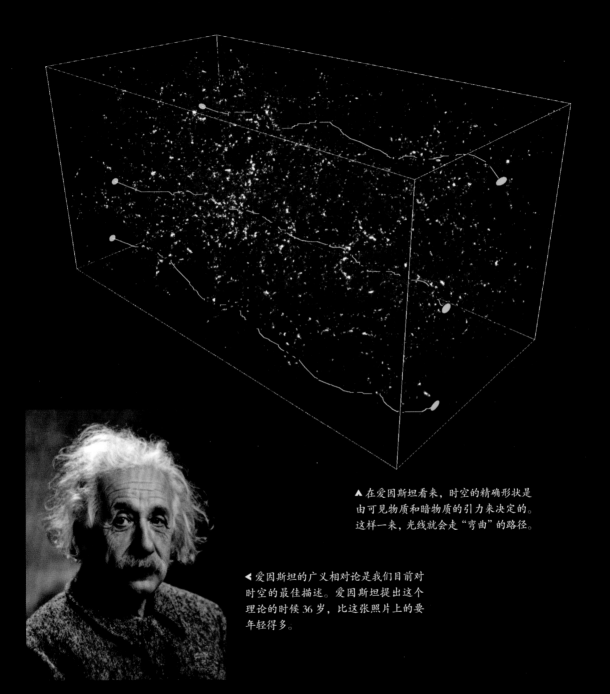

▲ 在爱因斯坦看来，时空的精确形状是
由可见物质和暗物质的引力来决定的。
这样一来，光线就会走"弯曲"的路径。

◀ 爱因斯坦的广义相对论是我们目前对
时空的最佳描述。爱因斯坦提出这个
理论的时候 36 岁，比这张照片上的要
年轻得多。

时空涟漪

爱因斯坦的广义相对论不仅预言存在弯曲时空和黑洞，而且还有引力波——时空结构中的微小涟漪。就像果冻或教堂的钟因为具有（不同程度）延展性而可以振动，时空也能震颤和回荡，只不过这需要巨大的能量。

通过改变速度或者方向，物质可以产生引力波。在迄今为止的大多数情况下，这些现象都太微弱而被完全忽视了。只有在极端情况下，例如当两颗致密的中子星相互绕转或者是超新星爆炸，所产生的引力波才能有望通过现有技术在地球上被探测到。

能证明引力波存在且有说服力的间接证据出现在 1974 年，当时约瑟夫·泰勒和拉塞尔·赫尔斯发现中子星双星系统 B 1913+16 损失轨道能量的方式完全如爱因斯坦所预言：其"损失"的能量以引力波的形式被辐射出去了。为直接观测到引力波，在美国、欧洲、日本和澳大利亚都建造了极其灵敏的探测器来侦测这些微小的时空涟漪。2016 年 2 月 11 日，激光干涉引力波天文台和室女座引力波天文台宣布首次探测到了来自双黑洞合并的引力波信号。2017 年 10 月 16 日，全球多国科学家宣布，人类第一次直探测到了来自双中子星合并的引力波。这将为研究紧接着宇宙大爆炸之后所发生的现象提供线索。

▼ 位于美国的激光干涉引力波天文台由两台完全相同的装置组成，分设在路易斯安那州和华盛顿州。

▲ 当两颗中子星相互绕转的时候，它们的能量会以引力波的形式流失。

◄有一天，这颗白矮星会从其伴星处吸积到足够的物质，爆炸成一颗超新星，产生引力波暴。

▶未来，利用类似激光干涉仪空间天线这样的干涉装置，也许能在太空中探测引力波。

空间膨胀

天文学中鲜有几个议题能像宇宙膨胀这样造成这么多的混乱。如果我们讨论膨胀的空间，而非膨胀的宇宙，那这些混乱中的许多是可以避免的。

很多时候，宇宙膨胀是用宇宙中星系间的远离来描述的。这是正确的，因为星系之间的距离确实在增加，但这并不意味着在物理上它们正在空间中运动。更确切地说，是空间本身在膨胀，因此有越来越多的空间产生了出来。星系就像是位于气球表面上的点：当气球充气时，这些点彼此会越来越远，而不是它们本身在气球表面上运动。

空间必须要膨胀进某样东西的想法也是不正确的。一根无限长的直线可以被拉伸，因此它上面的标记点就会远离彼此。以同样的方式，一个无限的三维空间也可以膨胀，它不需要膨胀进某个环境中。

最后，认为我们可以在紧邻的四周观测到宇宙的膨胀也是一个误解。因为时空的结构与物质的存在密切相关，在引力占据主导的地方，比如太阳系或银河系，空间的膨胀不会发挥作用。

◀埃德温·哈勃通过研究遥远星系的光谱得出结论，距离越远的星系，退行得越快。

▼在这幅由埃德温·哈勃于1929年发表的图中，首次显示了星系的距离和它"退行速度"之间的关系。

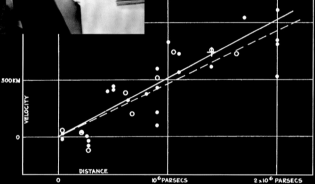

暗能量加速膨胀

▶宇宙不仅在膨胀，神秘的暗能量甚至在使它加速膨胀。

星系和星系团

时间

宇宙黑暗时代

宇宙微波背景
暴胀时代
大爆炸

回溯时间

天文学家都是时间旅行者。他们的望远镜所显示的并不是宇宙此刻的样子，而是它过去的样貌。每次我们看天上的星星，我们所看到的是它们的过去。在宇宙中我们看得越远，我们回溯的时间就越长。

这是一个令人着迷的想法，能让我们看到早已不存在的东西：很久以前就已爆炸成超新星的恒星，在早期宇宙中已被潮汐力瓦解的星系。这一切都是可能的，因为光的速度有限（300 000 千米每秒），它因此需要一段相当长的时间才能到达我们的地球。

太阳光需要 8 分多才能到达地球。也就是说，我们看到的太阳是它 8 分前的样子。但当我们仰望夜空中的星星时，我们所回溯的时间会更长得多——几十或几百年，天文学家使用大型望远镜来研究遥远的星系，它们所发出的光则要花数十亿年的时间才能到达地球。

因为我们一直是在时间上回溯过去，所以在膨胀宇宙中"距离"已失去了其部分含义。当天文学家说一个星系距离我们 100 亿光年远时，他们的意思是它所发出的光在膨胀的空间中花了 100 亿年的时间才抵达我们的地球。在发出这束光的时候，该星系与地球间的距离要比 100 亿光年小得多，而当这束光到达地球的时候，这一距离则要比 100 亿光年大得多。

▲ 我们看不到此时此刻的太阳，但可以看到它 8.3 分前的样子，因为阳光需要一段时间才能传播到地球。

▼ 今天我们所接收到的来自 NGC 1232 的光是在 6 000 万年前恐龙灭绝后不久才离开这个星系的。

▶ 宝盒星团位于约 6 400 光年之外，我们所看到的宝盒星团是它在公元前 4400 年时的样子。

改变颜色

得益于宇宙的膨胀，天文学家才能够确定遥远星系的距离。来自遥远星系的光携带了它在膨胀宇宙中已传播了多久的信息。

每个光波都具有特定的波长。例如，红光的波长要比蓝光长，而红外线的波长则更长。在正常情况下，波长不会发生变化，抵达地球的光线的颜色和它被发出时相同。但在一个膨胀的宇宙中，情况就并非如此。

光在旅途中传播的时间越长，由于空间的膨胀，其波长就会被拉伸得越长。遥远星系所发出的光与近距星系发出的光相比，要花更长的时间才能抵达我们的地球，因此光被拉伸的程度也更大。最终抵达地球时，这些光就会具有稍微偏红的颜色。星系光的这种红移可以用分光镜来进行测量，它直接取决于光传播的时间，因此也和光源的距离有关。

来自宇宙中最遥远星系（出现在宇宙大爆炸之后不久）的光具有极高的红移，可以使类似哈勃空间望远镜这样的光学望远镜都无法看见高温蓝白色的恒星，而必须要使用红外望远镜。这也正是为什么天文学家们如此期待詹姆斯·韦布空间望远镜发射的原因。"哈勃"的这一"继任者"将主要在红外波段进行观测。

▲ 由于巨大的红移，非常遥远的星系（在这幅"哈勃"图像中用圆圈标出）看上去要比它们真正的颜色红得多。

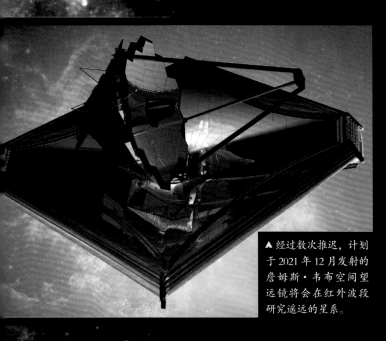

▲ 经过数次推迟，计划于 2021 年 12 月发射的詹姆斯·韦布空间望远镜将会在红外波段研究遥远的星系。

可观测宇宙

天文学家观测得越远，回溯的时间就越长。这是因为光的速度并非无限大。但是，光速有限再加上宇宙年龄有限，会产生另一个结果：我们所能看到的区域有一个根本性的限制。这一"宇宙学视界"与我们望远镜的大小无关。

光需要一段时间才能到达我们的地球，但可供光传播的时间并不是无限的，原因很简单，因为宇宙"只"存在了大约 138 亿年。所以，一个 200 亿光年之外的星系，其所发出的光根本没有足够的时间到达地球。这也意味着它超出了我们的宇宙学视界。

宇宙学视界有点像水手从船上的瞭望台所看到的地平线。就像海洋会拓展到地平线之外一样，宇宙也会延伸到宇宙学视界之外，只不过我们根本无法看到它。

在一个年龄为 138 亿年的膨胀宇宙中，两个星系之间的距离又是如何超过 138 亿光年的呢？这是否意味着宇宙正在以超光速膨胀呢？事实上，是的。但这并不违背爱因斯坦的相对论：这是空间本身在膨胀，而在空间中则没有物质能以超光速运动。

▶不，这不是你应该想象宇宙大爆炸的方式。毕竟这不是一个发生在空间里的爆炸，而是空间本身的爆炸。

▲ 在可观测宇宙中有大约 1 000 亿个星系，每一个星系都包含数百亿或数千亿颗恒星。

◀鹰状星云中的这个疏散星团位于我们的宇宙视界之内。在视界之外可能还有无数类似的星团。

▶宇宙背景辐射由无线电工程师阿尔诺·彭齐亚斯和罗伯特·威尔逊于1965年发现。

▶2001年，威尔金森微波各向异性探测器发射升空，以比宇宙背景探测器更高的精度来研究宇宙背景辐射。

▶自宇宙大爆炸以来，宇宙的化学复杂性就在不断增加，导致了恒星、行星和生命的形成。

▼通过研究宇宙中的第一代星系，詹姆斯·韦布空间望远镜将会为天文学家探究宇宙的起源提供线索。

宇宙的演化

得益于对宇宙背景辐射、数十亿光年远的新生星系、宇宙大尺度结构以及星系团和超星系团的精确测量，天文学家对宇宙的演化已经有了比较好的认识。虽然许多细节仍十分模糊，宇宙的诞生也还是个未解之谜，但这个故事的主要轮廓已坚如磐石。它也许是整个科学中最精彩的故事。

新生宇宙中充满了密度和温度都极高的氢和氦混合气体。随着空间的膨胀，气体会变得越来越稀薄，温度也越来越低。这些气体因为微小的密度变化（可能是由宇宙的"诞生"之后紧接着所产生的量子涨落"放大"引发的），会在引力的作用下生长成由膜状、丝状和星云状结构构成的蛛网形网络，中间则是相对较空的巨洞。它们是第一代星系的"种子"。

在小范围内引力会得到增强。气体云在自身引力的作用下开始坍缩形成第一代巨星，这是数百万年来第一次，光线再一次照亮了宇宙。核聚变反应会制造出新元素，包括碳、氧和氮。超新星爆炸会把这些重元素播撒入太空。新一代的恒星会从这些恒星的灰烬中形成，其中许多会伴随有行星。在这些行星中的至少一个的上面，有机分子会合并组成活体细胞。数十亿年后，智人开始建造庙宇和望远镜。

▲ 生命从第一批活体细胞演化到具有智慧和自我意识的灵长类动物，花了超过30亿年的时间。

◄30亿年前的叠层石由单细胞微生物形成，是生命在地球上最古老的化石遗迹之一。

神秘的物质

▲潘多拉星系团（阿贝尔2744）包含有高温的星系团内气体（粉色）和大量的暗物质（蓝色）。

▼星系团中单个星系的运动表明其中还含有比肉眼所能看见的多得多的物质。

20世纪 30 年代，天文学家发现宇宙中存在比用望远镜所能看见的更多的物质。对银河系恒星速度以及星系团中单个星系速度的测量显示宇宙中必定存在大量的暗物质。这些神秘的物质不会发出任何辐射，但它确实会对周围的环境施加引力作用。此后，星系外部区域中的转动速度也为暗物质的存在提供了令人信服的证据。

暗物质中的一小部分由黑洞、熄灭的恒星以及星系际的低温不发光气体组成。现在已经弄清楚，暗物质的绝大部分甚至都不由普通的原子和分子构成，它们可能是未知的基本粒子。除了引力之外，它们不与"普通"的粒子发生相互作用。因此，我们迄今尚未探测到它们。关于暗物质的真正本质，宇宙学家和粒子物理学家目前还一无所知。

现在只能根据暗物质的引力效应间接地证明它的存在。那么是否有可能是我们对引力的认识有误，而暗物质根本就不存在呢？修改牛顿动力学的支持者认为之前的理论有误，使用新的假说（其中引力随距离的衰减速度要比牛顿提出的更慢）他们已成功地解释了星系的旋转速度。不过，它很难解释许多其他的观测。至少从目前来看，暗物质（尽管神秘）似乎提供了最好的解释。

▶类似于星系 NGC 6946 的外部区域，其转动的速度远超预期，暗示有大量不可见物质存在。

视觉之旅：神秘的星际空间　彩色典藏版／修订版

▶ 通过勘测背景星系形状轻微的扭曲，天文学家能推断出暗物质在前景星系团中的分布。

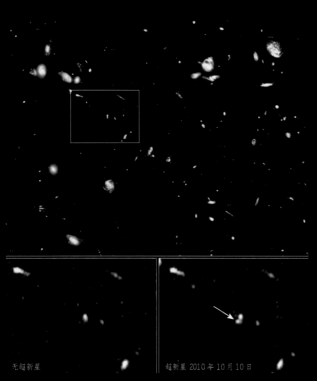

无超新星　　　　　　　　超新星 2010 年 10 月 10 日

▲ 这幅 "哈勃" 照片底部所显示的是顶部方框中的细节。2010 年 10 月，在一个遥远的星系中爆发了一颗超新星。

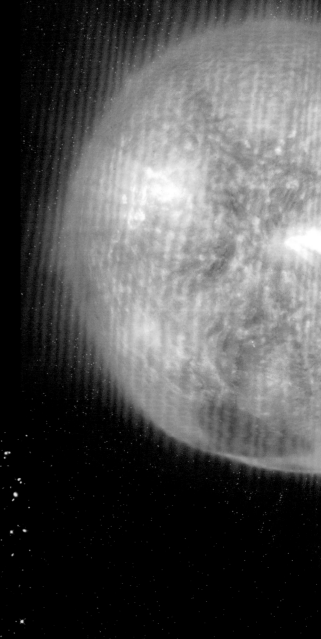

▲ 超新星 SN UDS10Wil（方框）是迄今所观测到的最遥远超新星。它爆发的时间在 100 多亿年前。

▲ 一颗白矮星（底部）即将爆发成一颗 Ia 型超新星。天文学家对 Ia 型超新星的研究揭示了宇宙膨胀的历史。

对抗引力

任何希望描述宇宙组成的人都不仅要关注物质而且还要考察能量。根据爱因斯坦的著名公式 $E=mc^2$，物质和能量是事物的两面。1998 年，天文学家发现一种神秘的"反引力"主导了宇宙的总质能，会使空间膨胀加速，而不是减慢。

天文学家一方面通过测量遥远超新星红移，进而揭示出宇宙膨胀的历史信息，另一方面通过宇宙背景辐射的特性，都清楚地证明了暗能量的存在。它是什么样的能量，是否和同样神秘的暗物质有关，它是恒定的还是会随时间变化，没有人知道。

令人沮丧的是，我们竟对宇宙的成分毫无头绪：总质能的 74% 为神秘的暗能量，22% 是非重子暗物质（暗物质不由普通粒子构成），我们仍不知道它们的真正本质。原子和分子只占了总份额的 4%，而这其中又有约 3/4 因温度过低和过暗而无法被观测到。恒星、星云和星系（本书中的"主角"）只占了黑暗宇宙的 1%。

▲ 我们在宇宙中所看到的恒星和星系仅占总质能含量的 1%。

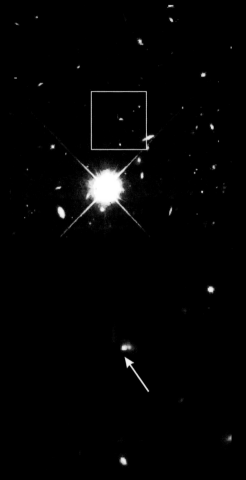

▲ 在一个极其遥远的星系中，程控望远镜发现了一颗 Ia 型超新星（箭头所指）。

生命的宇宙

地球是宇宙中唯一拥有生命的行星吗？几个世纪以来我们一直在问自己这个问题，但至今仍没有定论。不过，考虑到宇宙在时间和空间上广袤得超乎想象，其似乎不太可能只在某个时间和某个地点演化出了生命。

直到 20 世纪初，人们仍高度怀疑，在我们的邻居火星上极有可能会发展出生命形式。我们现在知道，在我们的太阳系中，生命是非常罕见的：地球上充满生命，但在其他地方可能最多只有一些微生物，但就这一点都还无法确定。不过，太阳系外行星的发现为地外生命可能性的争论又增添了新的谈资。

在恒星形成区和新生恒星周围的原行星盘中，天文学家不仅发现了水分子，还发现了糖和其他有机物。这些碳氢化合物是氨基酸和地球上所有生命的基本组成部分。35 亿年前在地球上所发生的事情也有可能发生在宇宙中的其他行星之上。

随着未来大型望远镜（例如詹姆斯·韦布空间望远镜、位于夏威夷的直径 30 米的望远镜、位于智利的欧洲特大望远镜）的投入使用，我们也许能够确定一颗太阳系外类地行星大气中的成分，进而发现其表面生物活动的痕迹。说不定只要 20 年或 30 年就有可能发现地外生命。

▲ 仅仅在银河系中就必定有数十亿颗类地行星。其中一些在围绕双星或三星系统转动，在一天中有多次日落现象。

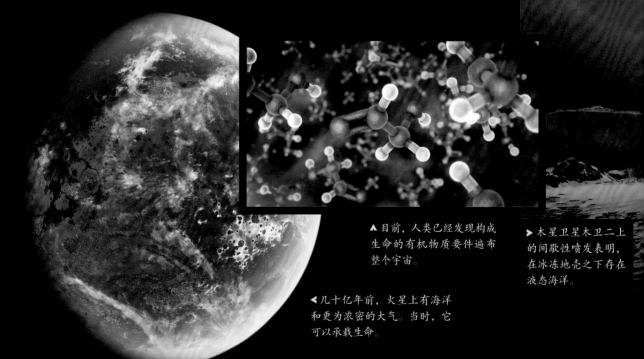

▲ 目前，人类已经发现构成生命的有机物质要件遍布整个宇宙。

◀ 几十亿年前，火星上有海洋和更为浓密的大气。当时，它可以承载生命。

▶ 木星卫星木卫二上的间歇性喷发表明，在冰冻地壳之下存在液态海洋。

视觉之旅：神秘的星际空间

彩色典藏版／修订版

那儿有人吗?

在美国射电天文学家弗兰克·德雷克的开创性工作之后半个多世纪的时间里,我们一直在寻找来自外星人的讯息——地外文明发出的人工信号。这并没有听上去的那么疯狂:人类所发出的无线电信号也可以被遥远太阳系外行星上的智慧生命截获。

目前的地外文明探索项目正在使用大型的射电望远镜(例如位于波多黎各的阿雷西博天文台,或者是小型天线阵列,像位于美国加利福尼亚州的艾伦望远镜阵列)来进行搜索。它们会使用非常灵敏的检测器来扫描数百万个无线电频率,再用强大的超级计算机处理这些数据。当然,已发现拥有行星系统的恒星是优先关注对象。不过,迄今为止还一无所获。

我们也把消息发送进了太空。离开太阳系的探测器携带了录有地球图像和声音的铭牌和唱片,相当于是一个宇宙漂流瓶。美国国家航空航天局朝北极星方向广播了披头士乐队的歌曲《穿越苍穹》。经数学编码的讯息已被发往了近邻的太阳系外行星系统。我们站在自己的屋顶之上呼喊,但宇宙却依然出奇地沉默。

没有人知道这意味着什么。也许作为一种科学实验,外星人正默默地注视着我们。也许他们的技术比我们的先进太多,进而没有辨识出我们的通信方式。又或许他们根本就不存在。宇宙中也许遍布着生命,但复杂生命形式和智慧文明却有可能非常罕见。

▲ 位于波多黎各的直径 305 米的阿雷西博射电望远镜被用来侦听来自外星人的无线电信号。

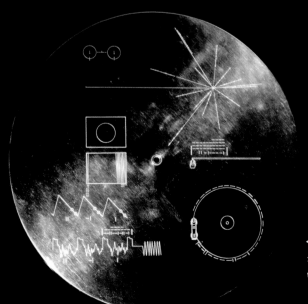

▲ 在美国加利福尼亚州,由私人资助的艾伦望远镜阵列会在数百万个频率上扫描天空,寻找外星人的信号。

◀ 外星人可能需要很长时间才能破译旅行者号上的金唱片,它是一个有关人类讯息的漂流瓶。

视觉之旅：神秘的星际空间

彩色典藏版／修订版

多重宇宙

很久以前，天文学家认为地球是唯一的。现在我们知道，还有其他 7 颗行星在绕太阳公转。我们曾经认为太阳也是独一无二的。现在我们知道，银河系中有数千亿颗恒星。就在一个世纪以前，大多数天文学家曾认为银河系是独一无二的。但我们现在知道，可观测宇宙中包含了至少 1 000 亿个星系。

那宇宙呢？它是独一无二的吗？还存在其他的宇宙吗？如果存在，我们能发现它们吗？

这些问题还很难被称为"硬科学"，但科学期刊中已充满了对各种可能的平行宇宙的猜测。实际上，源自粒子物理学的流行弦理论似乎倾向于存在这样一个多重宇宙。在多重宇宙中，每一个不同的宇宙都拥有自己的特征或者说特性，这使我们自己所在的宇宙成为了一个意外的巧合。

或许，这些不同的宇宙在不同的维度中相互平行地存在。或者，它们在时间上一个接一个地出现。甚至有人提出，每一个"母宇宙"都会诞生出大量的"婴儿宇宙"，形成一个宇宙大家庭。在无限的宇宙中，可能会有无数个不同的区域，它们远远超出了我们自身的宇宙学视界。

我们是否会找到平行宇宙存在的确凿证据仍无法确定，但多重宇宙的想法确实为深空的概念赋予了一个全新的维度。

◄ 就像地球、太阳和银河系，我们的宇宙可能也不是唯一的。我们所了解的宇宙很可能是永无止境的多重宇宙的一部分。

星图集

在下面 14 页的星图中所展示的是从地球上能看到的夜空。这些星图由荷兰天体制图家威尔·蒂里奥为本书特别绘制。

这些星图中的所有恒星都可以用肉眼看见，观看双星、星云和星系则往往需要望远镜辅助。本书中所提到的大多数天体都可以在这些星图上找到。

星图 1 中的恒星都位于北天极周围的天区，只有在北半球才能看见。对于北回归线（北纬约 23.5 度）以北的观测者来说，这些恒星永远不会消失在地平线的下方。

星图 2 ~ 7 中的恒星也可以从北半球看见，但并非全年可见，大部分也非整晚可见。南半球可见星图 8 ~ 13，但也并非在任何时候。下面的表格给出了观测的最佳时间。

最后，星图 14 上的恒星位于南天极周围，只有在南半球才能看见。对于南回归线（南纬约 23.5 度）以南的观测者来说，这些恒星永远不会消失在地平线的下方。

天体在天空中的坐标是用它们的"赤经"和"赤纬"来表示的。夜空中的赤经相当于地球表面上的经度。天赤道是地球赤道在天空中的延伸，将天球划分成南北两部分，划分成 24 小时。赤纬相当于地球表面的纬度：天球赤道的赤纬为 0 度，北天极和南天极的赤纬分别为 +90 度和 −90 度。

第 217 页列出了由国际天文学联合会正式定义的全天 88 个星座。

时间	北半球	南半球
10 月 /11 月	星图 2	星图 8
12 月 /1 月	星图 3	星图 9
2 月 /3 月	星图 4	星图 10
4 月 /5 月	星图 5	星图 11
6 月 /7 月	星图 6	星图 12
8 月 /9 月	星图 7	星图 13

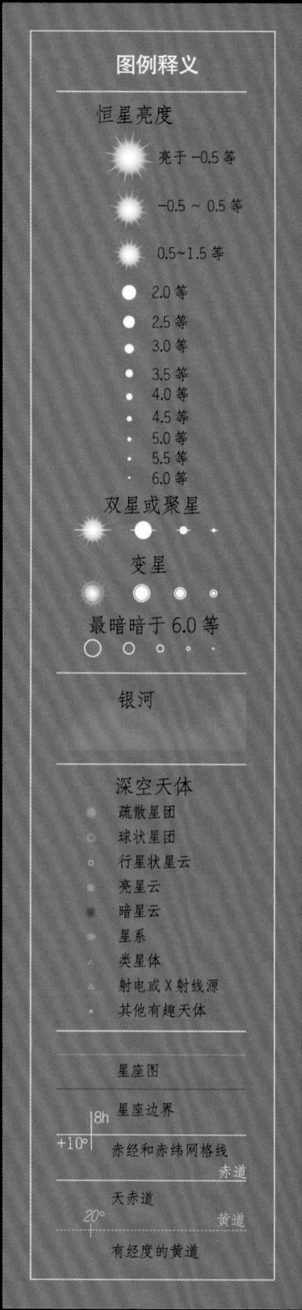

图例释义

恒星亮度

- 亮于 −0.5 等
- −0.5 ~ 0.5 等
- 0.5~1.5 等
- 2.0 等
- 2.5 等
- 3.0 等
- 3.5 等
- 4.0 等
- 4.5 等
- 5.0 等
- 5.5 等
- 6.0 等

双星或聚星

变星

最暗暗于 6.0 等

银河

深空天体

- 疏散星团
- 球状星团
- 行星状星云
- 亮星云
- 暗星云
- 星系
- 类星体
- 射电或 X 射线源
- 其他有趣天体

星座图

星座边界

8h

+10° 赤经和赤纬网格线

赤道

天赤道

20° 黄道

有经度的黄道

视觉之旅：神秘的星际空间 彩色典藏版／修订版

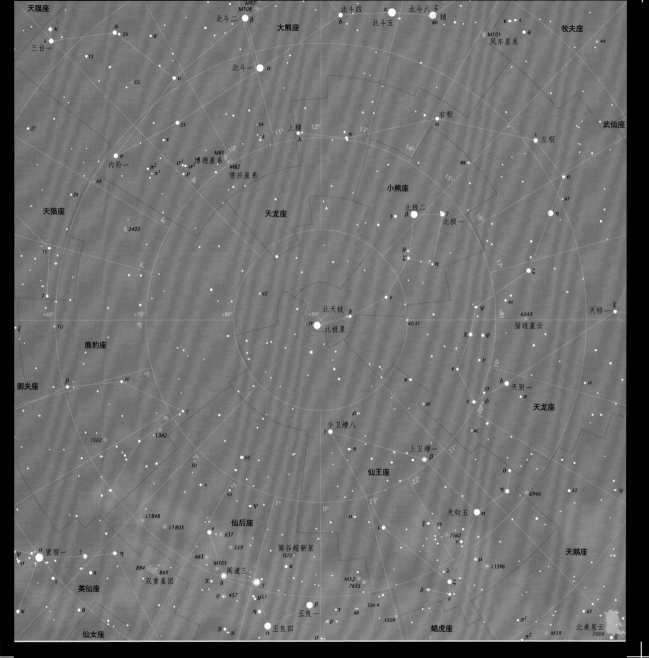

星图 1

203

星图集

英仙座

室宿一

大陵五

M34

天大将军一

三角座

三角星系
M33

白羊座

娄宿三

娄宿一

娄宿二

外屏七

鲸鱼座

1572年超新星

M103

阁道三

双重星团

884 869

457

M76

891

M52
7635

仙后 A

王良一

王良四

仙后座

仙女星系
M31
M32

仙女座

M110

奎宿九

壁宿二

双鱼座

M74

TV

壁宿一

黄道

春分点

仙王座

仙女座

蝎虎座

天鹅座

天津四

北美星云
7000

M39

7243

7662

7331

离宫四

室宿二

离宫二

飞马座

室宿一

雷电一

狐狸座

赤道

危宿三

危宿二

危宿一

坟墓二

宝瓶座

视觉之旅：神秘的星际空间

彩色典藏版／修订版

天猫座　鹿豹座　仙后座

双重星团　884　869　M76

1.1805　1.1848

仙女座

五车三　五车二　英仙座　天大将军一　891

2281

御夫座　M34

双子座　大陵五　三角座　三角星系 M33

奎宿九

752

1342

M38 1907　加利福尼亚星云 1499　室宿二

M37　M36

双子座　卷舌增七

41　娄宿三　双鱼座

室宿一 α

五车五　白羊座　娄宿一

M35　娄宿二

铖　夏至

蟹状星云 M1　1746

昴宿六　昴星团 M45

黄道

2169　1647　毕宿五　毕星团

猎户座　觜宿一　金牛座

参宿四

52　参宿五

天囷一　鲸鱼座　外屏七

参宿二　参宿三

参宿一　马头星云

M78

麒麟座　1981　猎户星云 M43/42　波江座　赤道　蒭藁增二

M77

视觉之旅：神秘的星际空间

彩色典藏版／修订版

夜莺星云　M97　M108　北斗二　β

内阶一　AX

鹿豹座　1528

英仙座

大熊座　CG　24　15　75　ξ　δ

五车二　α　ε　1664

ψ　ω　26　θ　27　8°　21　ψ⁶　五车三　β　π　ρ　η　ξ　λ　μ

三台三　λ　三台一　三台四　μ

大熊 10　31　天猫座　ψ⁵　ψ⁴　ψ⁷　ψ²　ψ³　御夫座　γ　τ　θ　ι　M38　1907　M36　χ

2281　UU　M37

小狮座　21　10　38　2419　π　ω　θ　ι　WW　RT　κ　五车五　金牛座

α　σ²　σ　σ¹　北河二　α　ρ　τ　M35　蟹状星云　M1

轩辕十一　轩辕十　μ　R5　τ　κ　55　ρ²　ι　北河三　χ　双子座　ε　井宿五　夏至　μ　钺　χ²　u　χ¹

γ　轩辕十二　轩辕八　λ　ν　φ¹　χ　φ　ψ　ω　ω　μ

狮子座　η　ξ　2903　ψ　λ　γ鬼宿三　κ　2392　天樽二　ξ　井宿七　ν　井宿三　γ　2169

鬼星团　M44　爱斯基摩星云

轩辕十四　ψ　黄道　鬼宿四　χ　ζ　λ　井宿三　ξ　2264

ν　30　2264

R　ξ　柳宿增三　M67　2264　+10°

31　π　κ　α　参宿四　α　13

南河二　γ　ε　β　η　2237-39　2244　猎户座

六分仪座　ω　δ　δ　南河三　α　δ³　δ²　小犬座　玫瑰星云　18　2302

θ　σ　δ¹　麒麟座

长蛇座　τ²　τ¹　赤道　麒麟座　2232

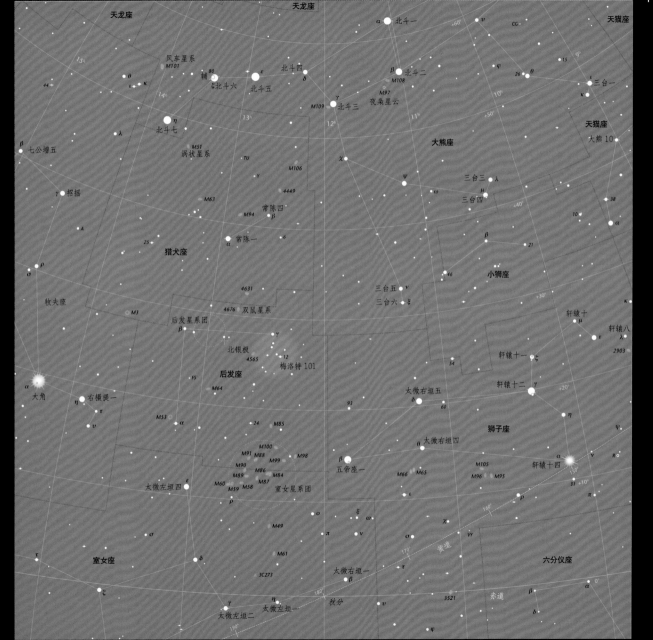

天龙座
天龙座
天猫座

α 北斗一 +60° ν CG
风车星系 M101 北斗四 β 北斗二 φ θ 15 9h
80 ε 北斗五 北斗二 26 θ ι 三台一
θ κ ζ 北斗六 辅 M108 κ
44 14h λ M97 +10° λ
λ η 北斗七 M109 γ 北斗三 夜枭星云 11h 天猫座
13h 12h 大熊 10

β 七公增五 北斗七 TU χ ψ 大熊座 38
τ 招摇 M106 ω 三台三 λ μ 10
γ Y 三台四 α
A M63 4449 β +40°
常陈四 β
25 M94 常陈一 δ 21
猎犬座 α 6 β 小狮座
ρ 46
δ 牧夫座 4631 三台五 ν 轩辕十
M3 4676 双鼠星系 三台六 ξ +30° 轩辕八 κ
后发星系团 γ 轩辕十一 ξ λ
β 54 2903
北银极 12 轩辕十二 γ
4565 梅洛特 101 +20° η
α 大角 右摄提一 后发座 太微右垣五 δ ψ
η FS M64 93 60 狮子座 η
τ M53 α 24 M85 θ 太微右垣四 ν δ
υ M100 M105 轩辕十四 31 +10°
M91 M88 M99 M98 π
M90 M86 M84 M66 M65 M96 M95
M89 ε M87 五帝座一 ι ρ
太微左垣四 M60 M59 M58 室女星系团 ζ
ρ
σ υ ξ ω χ VY
M49 黄道 160°
室女座 δ 170° τ 150° σ 六分仪座
M61 α 0°
3C273 太微右垣一 χ 3521 赤道
τ β
ξ γ η ν δ
太微左垣二 太微左垣一 秋分
φ
190°

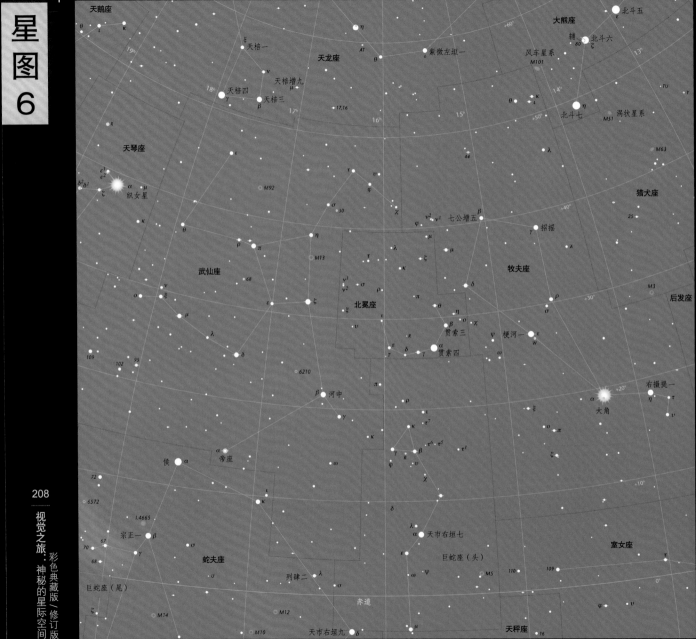

视觉之旅：神秘的星际空间 彩色典藏版／修订版

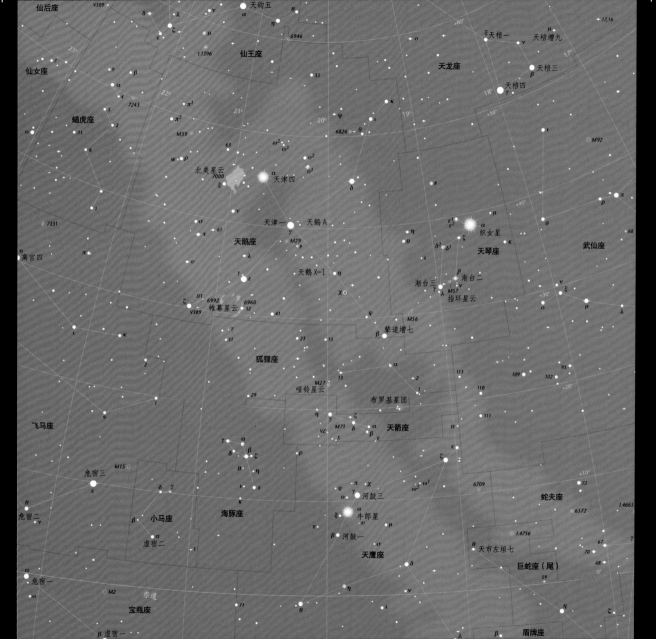

双鱼座

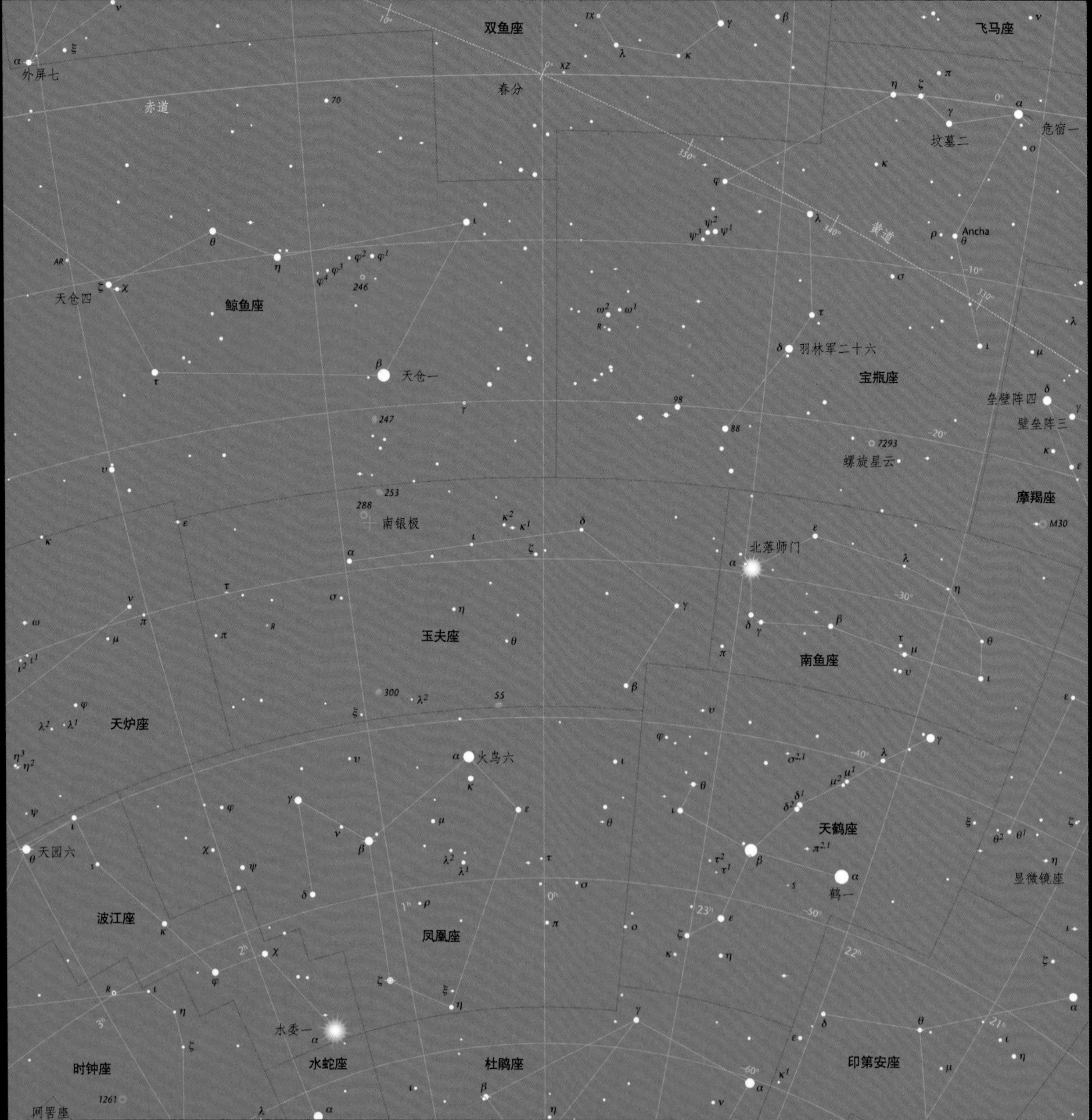

飞马座

外屏七

赤道

春分

坟墓二

危宿一

天仓四

鲸鱼座

Ancha

羽林军二十六

宝瓶座

天仓一

牢壁阵四

壁垒阵三

螺旋星云

摩羯座

南银极

M30

北落师门

玉夫座

南鱼座

天炉座

火鸟六

波江座

凤凰座

天鹤座

昴微镜座

天园六

鹤一

水委一

水蛇座

时钟座

杜鹃座

印第安座

网罟座

金牛座　　　　　双鱼座

天囷一 α

赤道

外屏七

猎户座

M78
参宿三
参宿二
参宿一
马头星云

M43/42
猎户星云
玉井三

九州殊口二
九州殊口增七 o²

葛藟增二

M77 δ

天苑六

天仓四

麒麟座

参宿七
参宿六

鲸鱼座

天兔座

2017
厕一
厕二

M79

军市一

波江座

天苑一

1535

1300

1360

大犬座

天鸽座
丈人一
子二

1851

天炉座

1097

1365
1316

玉夫座

雕具座

1291
天园六

船尾座

绘架座

1566

剑鱼座

网罟座

时钟座

波江座

1261
TW

水委一

水蛇座

凤凰座

船底座
1E 0657-558
子弹星团

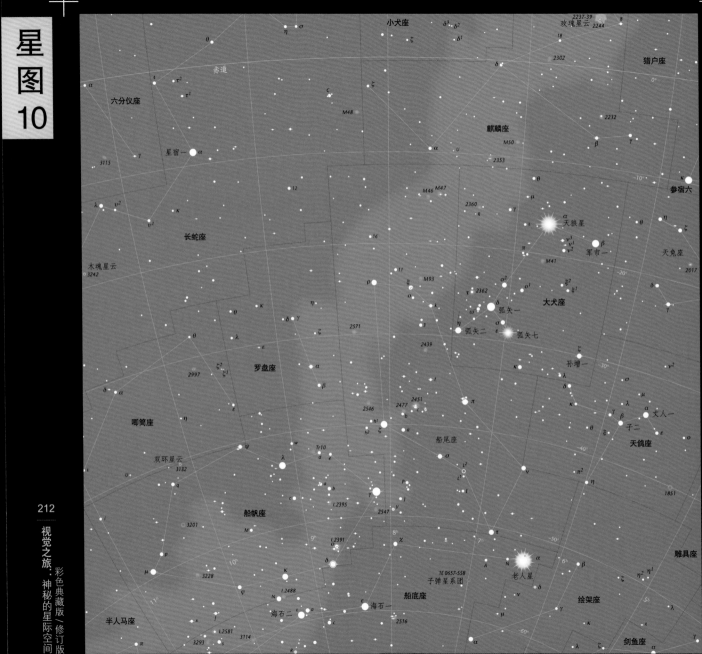

小犬座

玫瑰星云 2244

2237-39

18

猎户座

赤道

2302

六分仪座

M48

麒麟座

M50

2232

星宿一 α

3115

2353

0°

-10°

参宿六

12

M46 M47

2360

θ

天狼星

长蛇座

16

R

γ

ν¹

β

军市一

天兔座

木魂星云 3242

11

M93

π

ν²

M41

-20°

2017

ρ

2362

ω

σ²

σ¹

大犬座

弧矢一

τ

δ

κ

η

弧矢二

ε

弧矢七

ξ

孙增一

2571

2439

-30°

罗盘座

2997

β

2546

2477

2451

π

θ

μ

λ

文人一

唧筒座

η

n¹

ζ

h²

船尾座

σ

ξ

子二

天鸽座

双环星云 3132

w

Tr10

d

b

l²

η

π²

λ

-40°

船帆座

I.2395

γ

2547

σ

-50°

1851

3201

M

I.2391

8°

9°

χ

τ

雕具座

1E 0657-558 子弹星系团

老人星

α

绘架座

3228

半人马座

ρ

μ

I.2488

φ

N

κ

船底座

η² π²

剑鱼座

海石二

海石一

2516

3293

3114

I.2581

视觉之旅：神秘的星际空间 彩色典藏版／修订版

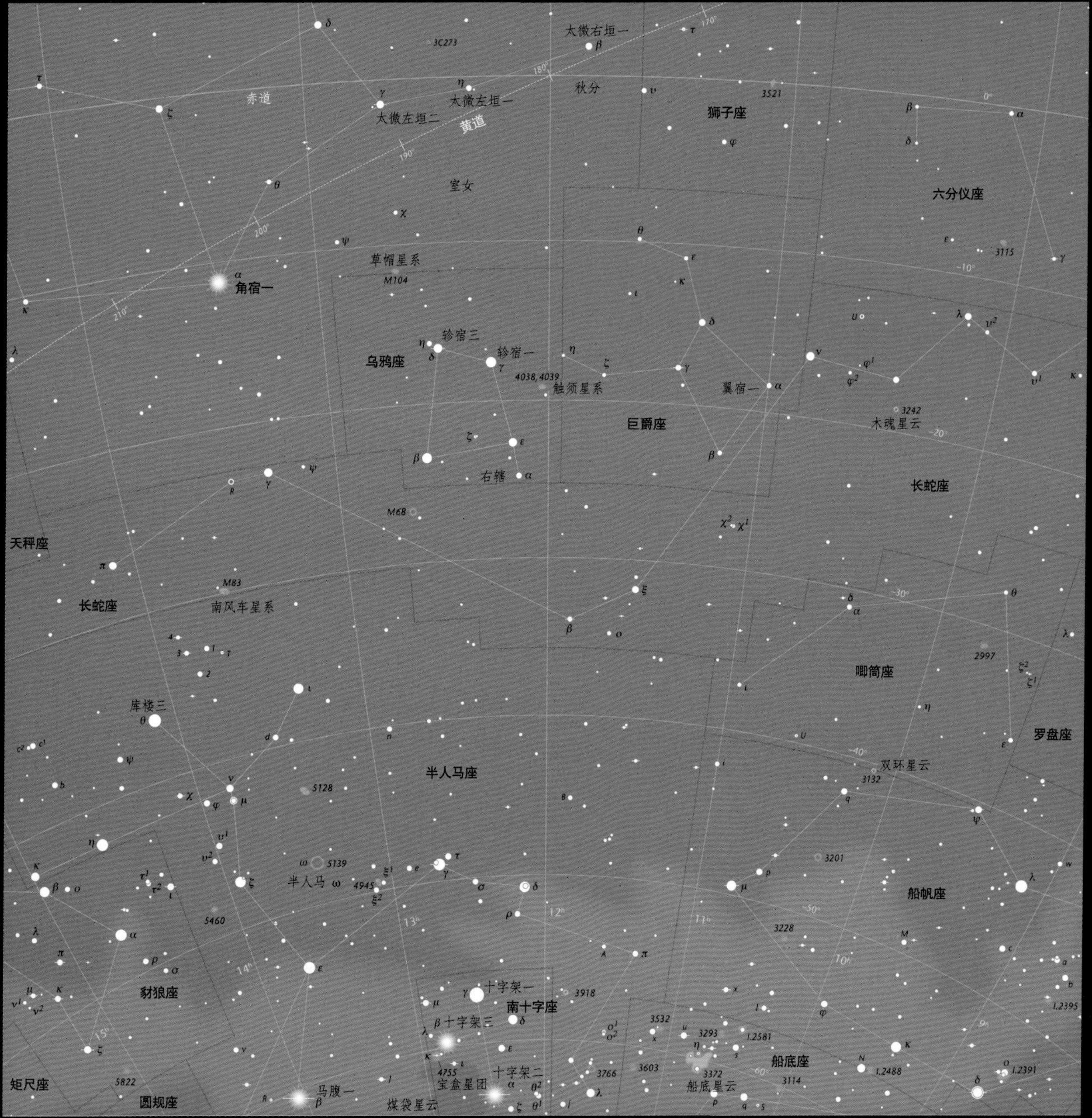

太微右垣一　秋分　狮子座
3C273　太微左垣二　太微左垣一　3521
赤道　黄道　室女　六分仪座　3115
草帽星系 M104
角宿一　珍宿三　珍宿一　翼宿一　3242　木魂星云
乌鸦座　4038,4039　触须星系　巨爵座　长蛇座
右辖　M68
天秤座　长蛇座　M83　南风车星系　唧筒座　2997　罗盘座
库楼三　半人马座　5128　双环星云 3132　船帆座
5139　半人马 ω 4945　3201　3228
豺狼座　十字架一　南十字座　β十字架三　3918　3532　3293　1.2581　船底座
十字架二　4755 宝盒星团　3766　3603　3372 船底星云　3114　1.2488　1.2391　1.2395
矩尺座　5822　圆规座　马腹一　煤袋星云　5460

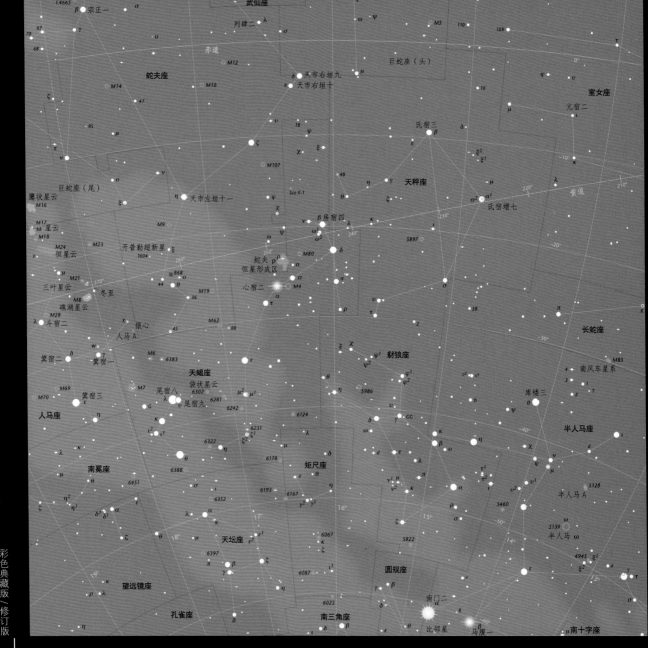

星图
12

视觉之旅：神秘的星际空间 彩色典藏版／修订版

L4665　β 宗正一　σ
武仙座
列肆二　λ
σ　ω　ψ　M5　110　109
70　67　γ　巨蛇座（头）
68　U　赤道
M12　δ 天市右垣九
蛇夫座　M10　ε 天市右垣十　室女座
M14　16　μ　亢宿二
47　μ
RS　μ　18　ψ　χ　ξ　氏宿三　δ　ξ²　ξ¹　-10°　κ
τ　ζ　M107　γ　天秤座　λ
巨蛇座（尾）　ν　48　η　θ　ι　μ　λ　黄道　210°
鹰状星云　η 天市左垣十一　ψ　ξ　γ　220°
M16　Sco X-1　θ　σ　氏宿增七　α¹ α²
M17 星云　M9　β 房宿四　κ　5897　-20°
ω 星云　ψ　240°
M18　开普勒超新星　ψ　M80　δ　υ
M24　M23　1604　蛇夫　S8　长蛇座
恒星云　ζ　恒星形成区　σ
γ　868　44　θ　心宿二　M4　τ　υ
M21　270°　36　M19　-30°
三叶星云　μ　冬至　45　M62　RR
M8　χ　银心　M83
礁湖星云　斗宿二　人马A　ξ　χ　ψ¹　豺狼座　南风车星系
M28　M6　6383　ψ²　φ¹　库楼三
箕宿二　δ　箕宿一　天蝎座　5986　φ²　ψ　半人马座
M69　M7　袋状星云 6302　μ² μ¹　5822
M70　箕宿三　λ 尾宿八　6281　6124　GG　κ
人马座　ε　η　ν 尾宿九 6242　6231　-40°　S128
λ　6322　6178　κ　半人马A
南冕座　6388　矩尺座　π　5460
θ　6451　6193 6167 γ² γ¹　16°　15°　-50°　5139
η²　η¹　6352　ε　半人马 ω
ξ　δ　α　λ　14°　4945
天坛座 ε¹ ε²　6067　e
6397　β　圆规座　ε
望远镜座　γ　6087　17°　18°
6025　南门二　R
孔雀座　δ　南三角座　比邻星　马腹一　南十字座

海豚座　小马座　飞马座　α 虚宿二　1　θ 天市左垣七　1.4756

危宿一　α　M2　赤道　天鹰座　70　67　68

宝瓶座　β 虚宿一　12　M11 野鸭星团 6712　η β　蛇夫座

女宿一　μ　ν　牛宿二　α² α¹　6818 6822　M26　ζ　τ　巨蛇座（尾）

土星状星云 7009　M72　牛宿一 β　τ　鹰状星云 M16　M17 ω 星云　M18

垒壁阵四　δ 壁垒阵三 ε　θ　310°　黄道　6716　M25　M24 恒星云　M23

摩羯座　M30　24　ψ　52　χ²　χ¹ ψ　M22　M21 三叶星云　开普勒超新星

显微镜座　62　59　斗宿四　斗宿二　M28　礁湖星云 冬至　44

南鱼座　λ　η　M55　ζ　M54　箕宿二 w　人马 A 银心　蛇夫座

天渊三　人马座　M70 M69　箕宿一　M6

天渊二 β²　6723　南冕座　箕宿三　M7　天蝎座 尾宿八

天鹤座　鹤一　望远镜座　20°　6451　尾宿九 袋状星云 6302　6281

印第安座 孔雀　21ʰ　6322　6231

凤凰座　杜鹃座　孔雀座　天坛座 6397 6193　矩尺座

半人马座

十字架一
南十字座
3918

船帆座

豺狼座

半人马座

3532
3293
I.2581

φ

I.2395

λβ十字架三
十字架二
宝盒星团
3766 3603
3372
3114

船底星云

I.2488

I.2391

马腹一
煤袋星云

南昴星团

海石二

5822

南门二
比邻星

南昴星团

圆规座

2808

海石一

矩尺座

4833

苍蝇座

南船二

船底座

6067
6087 6025

南三角座

2516

1E 0657-558
子弹星系团

天坛座

三角形三

蝘蜓座

飞鱼座

绘架座

6362

天燕座

蜘蛛星云
2070
超新星1987A

大麦哲伦云

剑鱼座

南极座

南天极

山案座

6744
6752

孔雀座

水蛇座

1313

1566

望远镜座

孔雀

杜鹃47
(104)
小麦哲伦云 362

网罟座

印第安座

杜鹃座

1261

时钟座

天鹤座

凤凰座

水委一

波江座

视觉之旅：神秘的星际空间

彩色典藏版／修订版

显微镜座 天鹤座

名称	含义	缩写	星图
仙女座	安德洛墨达 *	And	2
唧筒座	气泵	Ant	11
天燕座	天堂鸟	Aps	14
宝瓶座	水瓶	Aqr	8,13
天鹰座	鹰	Aql	7,13
天坛座	神坛	Ara	12
白羊座	羊	Ar	3
御夫座	御夫	Aur	3,4
牧夫座	牧民	Boo	5,6
雕具座	凿子	Cae	9
鹿豹座	长颈鹿	Cam	1,3
巨蟹座	蟹	Cnc	4
猎犬座	猎犬	CVn	5
大犬座	大狗	Cma	10
小犬座	小狗	Cmi	4
摩羯座	海山羊	Cap	13
船底座	船龙骨	Car	10
仙后座	卡西俄珀亚	Cas	1,2
半人马座	肯陶洛斯	Cen	11,12
仙王座	刻甫斯	Cep	1
鲸鱼座	海怪	Cet	3,8,9
蝘蜓座	变色龙	Cha	14
圆规座	圆规	Cir	14
天鸽座	鸽子	Col	9
后发座	伯伦尼斯的头发	Com	5
南冕座	南皇冠	CrA	13
北冕座	北皇冠	CrB	6
乌鸦座	乌鸦	Crv	11
巨爵座	杯	Crt	11
南十字座	南十字	Cru	11,14
天鹅座	天鹅	Cyg	7
海豚座	海豚	Del	7

名称	含义	缩写	星图
剑鱼座	剑鱼	Dor	9
天龙座	龙	Dra	1,6,7
小马座	小马驹	Equ	7
波江座	波江	Eri	9
天炉座	炉	For	9
双子座	双胞胎	Gem	4
天鹤座	鹤	Gru	8
武仙座	赫剌克勒斯	Her	6,7
时钟座	摆钟	Hor	9
长蛇座	海蛇	Hya	4,10,11,12
水蛇座	水蛇	Hyi	14
印第安座	印度	Ind	13
蝎虎座	蜥蜴	Lac	2
狮子座	狮子	Leo	4,5,11
小狮座	小狮子	Lmi	5
天兔座	兔	Lep	9
天秤座	秤	Lib	12
豺狼座	狼	Lup	12
天猫座	山猫	Lyn	4
天琴座	七弦琴 / 竖琴	Lyr	7
山案座	桌山	Men	14
显微镜座	显微镜	Mic	13
麒麟座	麒麟	Mon	4,10
苍蝇座	苍蝇	Mus	14
矩尺座	矩尺	Nor	12
南极座	八分仪	Oct	14
蛇夫座	蛇夫	Oph	6,7,12
猎户座	俄里翁	Ori	3,4,9
孔雀座	孔雀	Pav	14
飞马座	飞马	Peg	7
英仙座	珀耳修斯	Per	3
凤凰座	凤凰	Phe	8,9

注：* 希腊神话中埃塞俄比亚的公主

名称	含义	缩写	星图	名称	含义	缩写	星图
绘架座	绘画架	Pic	9,10	六分仪座	六分仪	Sex	4,5,10,11
双鱼座	鱼	Psc	2,8	金牛座	公牛	Tau	3
南鱼座	南鱼	PsA	8	望远镜座	望远镜	Tel	13
船尾座	船尾甲板	Pup	10	三角座	三角	Tri	3
罗盘座	罗盘	Pyx	10	南三角座	南三角	TrA	14
网罟座	网	Ret	9,14	杜鹃座	巨嘴鸟	Tuc	14
天箭座	箭	Sge	7	大熊座	大熊	Uma	1,4,5
人马座	射手	Sgr	13	小熊座	小熊	Umi	1
天蝎座	蝎子	Sco	12	船帆座	船帆	Vel	10,11
玉夫座	雕刻家	Scl	8	室女座	处女	Vir	5,6,11,12
盾牌座	盾	Sct	13	飞鱼座	飞鱼	Vol	14
巨蛇座	蛇	Ser	6,7,12,13	狐狸座	狐狸	Vul	7

希腊字母表

小写	英文拼法	汉字读音	小写	英文拼法	汉字读音	小写	英文拼法	汉字读音
α	alpha	阿尔法	ι	iota	约塔	ρ	rho	柔
β	beta	贝塔	κ	kappa	卡帕	σ	sigma	西格马
γ	gamma	伽马	λ	lambda	拉姆达	τ	tau	陶
δ	delta	德尔塔	μ	mu	谬	υ	upsilon	宇普西隆
ε	epsilon	艾普西隆	ν	nu	纽	φ	phi	斐
ζ	zeta	泽塔	ξ	xi	克西	χ	chi	希
η	eta	伊塔	ο	omicron	奥米克戎	ψ	psi	普西
θ	theta	西塔	π	pi	派	ω	omega	奥米伽

视觉之旅：神秘的星际空间

彩色典藏版／修订版

照片和插图来源

说明：UR= 上右图；UL= 上左图；LR= 下右图；LL= 下左图；MR= 中右图；ML= 中左图；I= 插页。
对于复杂排版的页面，在图注里有单独的图片说明，如"旋镖星云""阿贝尔1689"，等等。

Pg. 8, Dana Berry; 10 (UR), NASA/SDO/S. Wiessinger; 10 (LL), Royal Swedish Academy of Sciences/SST/Institute for Solar Physics; 10 (LR), NASA/SDO; 11, NASA/Goddard/SDO AIA Team; 12 (LL), NASA/JPL/Cornell; 12 (UR), NASA/JPL/Mosaic by Mattias Malmer; 13 (UL), NASA/Johns Hopkins University Applied Physics Laboratory/Carnegie Institution of Washington; 13 (ML), NASA/JPL/Malin Space Science Systems; 13 (LL), NASA Goddard Space Flight Center/Reto Stöckli; 13 (UR), NASA/Johns Hopkins University Applied Physics Laboratory/Carnegie Institution of Washington; 13 (LR), NASA/JPL-Caltech/ESA; 14, NASA/JPL/University of Arizona; 15 (UL), NASA/JPL; 15 (ML), NASA/JPL; 15 (LL), NASA/JPL/Space Science Institute; 15 (UR), NASA/JPL; 15 (LR), NASA/JPL-Caltech/Space Science Institute; 16 (UL), NASA/JPL/Space Science Institute; 16 (LL), NASA/JPL/DLR; 16 (UR), NASA/JPL/Space Science Institute; 17 (UL), NASA/GSFC/Arizona State University; 17 (LL), NASA/JPL/University of Arizona; 17 (UR), NASA/JPL-Caltech/University of Arizona/University of Idaho; 17 (LR), ESA/DLR/FU Berlin (G. Neukum); 18 (UL), W.M. Keck Observatory/Larry Sromovsky (University of Wisconsin); 18 (ML), NASA/JPL; 18 (LL/LR), NASA/JPL/Space Science Institute; 19 (UR), NASA/JPL/University of Arizona; 19 (ML/MR), NASA/JPL/Space Science Institute; 19 (LR), NASA/JPL/Space Science Institute; 20 (UL), NASA/JPL; 20 (UR), ESA/OSIRIS Team MPS/UPD/LAM/IAA/RSSD/INTA/UPM/DASP/IDA; 20 (ML), JAXA; 20 (MR), NASA/JPL/USGS; 20 (LL), NASA/JPL-Caltech/UMD; 20 (LR), NASA/JPL-Caltech/UMD; 21, NASA/JPL-Caltech/UCLA/MPS/DLR/IDA; 22 (UL), Jeffrey Pfau; 22 (I), Wikimedia Commons; 22 (LL), Wikimedia Commons; 22 (LR), Wikimedia Commons; 23 (UR), Getty Images; 23 (LR), Rob van Gent (University of Utrecht); 24 (LL-top), Wikimedia Commons; 24 (LL-bottom), Wikimedia Commons; 25, NASA; 26, NASA/ESA/E. Sabbi (STScI); 28 (I), ESO/APEX (MPIfR/ESO/OSO)/T. Stanke et al./Digitized Sky Survey 2; 28, W.H. Wang/IfA/University of Hawaii; 29 (UL/UR), NASA/JPL-Caltech/WISE Team; 29 (LR), ESO/Digitized Sky Survey 2/Davide De Martin; 30 (LL), Charles Messier/Mémoires de l'Académie Royale; 30 (UR), NASA/ESA/JPL-Caltech/IRAM; 30 (MR), ESO; 30 (LR), ESO/IDA/Danish 1.5 m/R.Gendler, J.-E. Ovaldsen, A. Hornstrup; 31, NASA/ESA/M. Robberto (Space Telescope Science Institute/ESA)/Hubble Space Telescope Orion Treasury Project Team; 32, ESO/VPHAS+ Consortium/Cambridge Astronomical Survey Unit; 33 (LL), NASA/ESA/N. Smith (University of California, Berkeley)/Hubble Heritage Team (STScI/AURA); 33 (LR), ESO/T. Preibisch; 34 (UL), NASA/ESA/Jeff Hester, Paul Scowen (Arizona State University); 34 (UR), NASA/ESA/Hubble Heritage Team (STScI/AURA); 35 (UR), ESO; 35 (LR), ESO; 36 (LL), T. A. Rector (University of Alaska Anchorage)/WIYN/NOAO/AURA/NSF; 36-37, ESA/PACS & SPIRE Consortium/Frédérique Motte/Laboratoire AIM Paris-Saclay/CEA/IRFU/CNRS/INSU/Université Paris Diderot/HOBYS Key Programme Consortia; 37 (LR), ESO/M.-R. Cioni/VISTA Magellanic Cloud Survey/Cambridge Astronomical Survey Unit; 38, T.A. Rector (University of Alaska Anchorage)/WIYN; 38 (UR), NASA/ESA/A. Nota (ESA/STScI, STScI/AURA); 38 (MR), ESO; 38 (LR), ESO/U.G. Jørgensen; 39 (UL), ESO; 39 (LL), ESO; 39 (RCW 108), ESO; 39 (UR), NASA/ESA/Hubble Heritage Team (STScI/AURA); 39 (LR), University of Colorado/University of Hawaii/NOAO/AURA/NSF; 40, ESO/J. Borissova; 41 (LR), NASA/ESA/Wolfgang Brandner, Boyke Rochau (MPIA)/Andrea Stolte (University of Cologne; 41, NASA/ESA/Hubble Heritage (STScI/AURA); 42 (LL), Lascaux Cave; 42 (UR), D. Bachmann; 42 (LR), NASA/JPL-Caltech/J. Stauffer (SSC/Caltech); 43, NASA/ESA/AURA/Caltech; 44 (UL), NASA/ESA/R. Sahai (JPL); 44 (LL), ESO; 44 (UR), A. Blaauw/BAN 44 (LR), NASA/JPL-Caltech/UCLA; 45 (UR), ESO; 45 (LR), ESO; 46, T.A.Rector (NOAO/AURA/NSF)/Hubble Heritage Team (STScI/AURA/NASA); 47 (UL), ESO; 47 (LL), NASA/ESA/Hubble Heritage Team; 47 (UR), ESO/J. Emerson/VISTA/Cambridge Astronomical Survey Unit; 48 (UR), ESO; 48 (LL), NASA/ESA/P. Hartigan (Rice University); 49 (UL), David Aguilar (Harvard-Smithsonian Center for Astrophysics); 49 (LL), Dana Berry; 49 (Disks), NASA/ESA/L. Ricci (ESO); 49 (LR), C.R. O'Dell/Rice University/NASA/ESA; 50 (LL), ALMA (ESO/NAOJ/NRAO)/NASA/ESA; 50 (MR), NASA/ESA/Digitized Sky Survey 2/Davide De Martin (ESA/Hubble); 51, ESA/NASA/L. Calçada (ESO); 51 (LR), NASA/ESA; 52 (UL), Wikimedia Commons; 52 (Lipperheij), Wikimedia Commons; 52 (ML), Cambridge University; 52 (LL), Yerkes Observatory; 52 (LR), NRAO/AUI/Dave Finley; 53 (UL), Unknown; 53 (LR), SKA; 54 (UL), LBTO; 54 (LL), Wikimedia Commons; 54 (LR), TMT; 55 (UL), Mount Wilson Observatory; 55 (UR), Palomar Observatory; 55 (LL), ESO/Serge Brunier; 55 (LR), Swinburne Astronomy Productions/ESO; 56, Lior Taylor; 58 (UL), United States Department of Energy; 58 (LL), Dana Berry; 59, Dana Berry; 60 (UL), Gemini Observatory/Lynette Cook; 60 (UR), NASA/CXC/GSFC/M.Corcoran et al./STScI; 60 (LR), NASA/ESA/F. Paresce (INAF-IASF)/R. O'Connell (University of Virginia, Charlottesville)/Wide Field Camera 3 Science Oversight Committee; 61, NASA/ESA/H. Richer (University of British Columbia); 61 (LR), Dana Berry; 62 (LL), NASA/SOHO; 62 (LR), Dana Berry; 62-63, ISAS/NASA; 63 (UL), Rijksmuseum Amsterdam; 63 (LR/LL), Digitized Sky Survey; 64 (UL), C. Barbieri

(Univ. of Padua)/NASA/ESA; 64 (UR), ESA/Hubble/NASA; 64 (LR), NASA; 65 (UL), ALMA (ESO/NAOJ/NRAO)/M. Kornmesser (ESO); 65 (UR), Michael Liu (University of Hawaii); 65 (LL), NASA/JPL-Caltech; 66 (UL), Digitized Sky Survey; 66 (LL), NASA/Casey Reed; 66 (LR), Lucasfilm; 67 (UR), NASA/JPL-Caltech; 67 (MR), Dana Berry; 67 (LR), J. Trauger (JPL)/NASA/ESA; 68 (UL), Keck Observatory/Casey Reed; 68 (LL), Wikimedia Commons/Caelum Observatory; 68 (LR), David A. Hardy; 69, NASA/Hubble Heritage Team (AURA/STScI)/ESA; 70, NASA/ESA; 71, NASA/ESA/Martin Kornmesser (ESA/Hubble); 71 (UR), NASA/CXC/Univ. of Wisconsin-Madison/S.Heinz et al./DSS/CSIRO/ATNF/ATCA; 71 (LL), NASA/CXC/M. Weiss; 72, Dana Berry; 73 (UL), ESA/ATG medialab/ESO/S. Brunier; 73 (LL), ESO/L. Calçada; 73 (LR), NASA/Kepler mission/Wendy Stenzel; 74, NASA/ESA/G. Bacon (STScI); 75 (UL), ESA/Alfred Vidal-Madjar (Institut d'Astrophysique de Paris, CNRS, France)/NASA; 75 (LR), NASA/JPL-Caltech/T. Pyle (SSC); 76 (LL), ESO/L. Calçada; 76 (UR), Harvard-Smithsonian Center for Astrophysics/David Aguilar; 76 (LR), NASA/Kepler Mission/Dana Berry; 77 (UL), NASA/Ames/SETI Institute/JPL-Caltech ; 77 (LL), ESO; 77 (LR), NASA/Ames/JPL-Caltech; 78 (UL), ESO/L. Calçada; 78 (LL), NASA/Ames/JPL-Caltech; 78 (LR), NASA/ESA/G. Bacon (STScI); 79 (UL), ESO/L. Calçada; 79 (HD 69830), ESO; 79 (UR), NASA/JPL-Caltech/T. Pyle (SSC); 79 (LL), NASA/ESA/G. Bacon (STScI); 79 (LR), NASA/JPL-Caltech/T. Pyle (SSC); 80 (LL), ESO/L. Calçada; 80-81, NASA/Tim Pyle; 81 (LL), NASA/Ames/JPL-Caltech; 81 (LR), NASA/JPL-Caltech; 82, ESO/L. Calçada; 84 (UL), Dana Berry; 84 (LL), Jeff Bryant; 84 (LR), Dana Berry; 85 (UR), ESO and P. Kervella; 85 (LL), NASA/JPL-Caltech/UCLA; 85 (LR), Xavier Haubois (Observatoire de Paris) et al.; 86-87, NASA/ESA/C. Robert O'Dell (Vanderbilt University); 87 (UR), D. López (IAC); 87 (LR), Wikimedia Commons/Rawastrodata; 88, NASA/CXC/SAO/ STScI; 89 (UR), NASA/HST/UIUC/Y.Chu et al.; 89 (LR), Nordic Optical Telescope/Romano Corradi (Isaac Newton Group of Telescopes); 90, ESO/VISTA/J. Emerson/Cambridge Astronomical Survey Unit; 90 (LL), NASA/ESA/C.R. O'Dell (Vanderbilt University)/M. Meixner/P. McCullough/G. Bacon (Space Telescope Science Institute); 91 (All), NASA/NOAO/ESA/Hubble Helix Nebula Team/M. Meixner (STScI)/T.A. Rector (NRAO); 92 (UR), NASA/ESA/Hubble Heritage Team (STScI/AURA); 92 (ML), NASA/ESA/Hubble Heritage Team (STScI/AURA); 92 (LL/IC 4406), ESO; 92 (LL/NGC 6369), NASA/ESA/Hubble Heritage Team (STScI/AURA); 92 (LL/NGC 6362), ESA/Hubble/NASA; 92-93 (NGC 5189), NASA/ESA/Hubble Heritage Team (STScI/AURA); 93 (IRAS 12419-5414), ESA/NASA; 93 (M27), ESO; 93 (MyCn 18), Raghvendra Sahai, John Trauger (JPL)/WFPC2 science team/NASA/ESA; 93 (NGC 2392), NASA/ESA/Andrew Fruchter (STScI)/ERO team (STScI/ST-ECF); 93 (NGC 2346), NASA/ESA/Hubble Heritage Team (STScI/AURA); 94 (UR), NASA/ESA/H. Bond (STScI)/M. Barstow (University of Leicester); 94 (MR), NASA/R. Ciardullo (PSU)/H. Bond (STScI); 94 (LR), ESA/NASA; 95 (UL), Princeton University; 95 (LR), NASA/ESA/Hubble Key Project Team/High-Z Supernova Search Team; 96, ESO; 97 (UL), ESO/L. Calçada; 97 (LL), ESA/Hubble/NASA; 97 (LR), NASA/ESA/R. Kirshner (Harvard-Smithsonian Center for Astrophysics); 98, NASA/JPL-Caltech/WISE Team; 98 (I), Wikimedia Commons; 99 (LL), Wikimedia Commons; 99 (LR), NASA/ESA/R. Sankrit, W. Blair (Johns Hopkins University); 100, NASA/ESA/Allison Loll/Jeff Hester (Arizona State University)/Davide De Martin (ESA/Hubble); 100 (UL), Wikimedia Commons; 101, NASA/CXC/J. Hester , A.Loll (ASU) /JPL-Caltech/R. Gehrz (Univ. Minn.); 102 (LL), Crawford Collection; 102 (LR), NASA/JPL-Caltech/E. Dwek/R. Arendt; 103 (UL), NASA/JPL-Caltech/O. Krause (Steward Observatory); 103 (LL), NASA/CXC/MIT/T. Delaney et al.; 104 (LL), NASA/Swift/Cruz deWilde; 104-105, ESA/ECF; 105 (UL), Urania; 105 (LL), NASA/F. Walter (State University of New York at Stony Brook); 106 (UR), ESO/L. Calçada; 106 (MR), Dana Berry; 106 (LR), NASA/JPL-Caltech/S. Wachter; 107 (UR), NASA/HST/CXC/ASU/J. Hester et al.; 107 (MR), NASA/JPL-Caltech/R. Hurt (SSC); 107 (LR), Institute of Physics; 108 (UR), John Rowe Animations; 108 (LR), Dana Berry; 109 (UL), NASA/JPL-Caltech; 109 (ML), Instituto de Astrofísica de Canarias; 109 (LL), ESO/L. Calçada/M. Kornmesser; 110, ESO/Y. Beletsky; 112 (UR), Jacques Vincent; 112-113, ESO/S. Brunier; 113, Wikimedia Commons; 114 (UR), University of Groningen; 114 (LR), Leidse Sterrewacht; 115, NASA/JPL-Caltech; 115 (LR), Ohio State University; 116 (LL), ESO/NASA/JPL-Caltech/M. Kornmesser/R. Hurt; 116 (UR), NASA/JPL-Caltech/S. Stolovy (Spitzer Science Center/Caltech); 116 (LR), ESO/S. Brunier; 117 (UL), NASA/ESA/Digitized Sky Survey 2/Davide De Martin (ESA/Hubble); 117 (LL), NASA/JPL/SSC; 117 (LR), 2MASS/IPAC; 118 (UR), ESA/Hubble/NASA; 118 (LR), Dana Berry; 119 (LL), Dana Berry; 119 (LR), ESO/S. Brunier; 120 (UL), NASA/ESA; 120 (LL), ESO; 121, ESO/M.-R. Cioni/VISTA Magellanic Cloud Survey/Cambridge Astronomical Survey Unit; 121 (LR), ESA/Hubble/NASA; 122 (UR), NASA/ESA/Hubble SM4 ERO Team; 122 (LR), ESO/INAF-VST/OmegaCAM/A. Grado/INAF-Capodimonte Observatory; 123 (UR), Wikimedia Commons; 123 (ML), Wikimedia Commons; 123 (LL), Dana Berry; 124 (LL/Smith's Cloud), Bill Saxton/NRAO/AUI/NSF; 124 (LL), B. Wakker (U. Wisconsin-Madison) et al./NASA; 124 (LR), Bill Saxton/NRAO/AUI/NSF; 125 (UL), NASA/ESA/A. Schaller/STScI; 125 (LL), ESO/P. Espinoza; 125 (UR), NASA/Don Figer; 125 (LR), Don F. Figer (UCLA)/NASA/ESA; 126 (LL), J. Dolence (Princeton University); 126-127, NASA/JPL-Caltech; 127 (UL), ESO/S. Gillessen et al.; 127 (LR), NASA/UMass/D. Wang et al.; 128 (UR), NASA's Goddard Space Flight Center; 128 (MR), ESO/MPE/Marc Schartmann; 128 (LR), NASA/UMass/D. Wang et al. /STScI; 129, NASA/CXC/MIT/F. Baganoff, R. Shcherbakov et al; 129 (UR), NASA; 130 (UL), NASA; 130 (LL), NASA/MIT; 130 (UR), NASA; 130 (LR), ESA; 131 (LL), ESA; 131 (UR), NASA; 131 (MR), NASA/JPL-Caltech; 132 (UL), NASA/CXC/NGST; 132 (UR), NASA; 132 (LL), ESA/AOES Medialab; 132 (LR), NASA; 133 (LL), ESA; 133 (UR), NASA; 133 (MR), ESA/D. Ducros; 133 (LR/XMM-Newton), ESA; 133 (LR), ESA; 134, NASA/ESA/Z. Levay/R. van der Marel (STScI)/T. Hallas/A. Mellinger; 136 (UL), ESO/Digitized Sky Survey 2; 136 (ML), Wikimedia Commons; 136 (LL),

NASA/ESA/Thomas M. Brown,Charles W. Bowers, Randy A. Kimble, Allen V. Sweigart (NASA/ESA Goddard Space Flight Center)/Henry C. Ferguson (Space Telescope Science Institute); 137 (UR), ESO/C. Malin; 137 (MR), ESO; 137 (LR), ESO; 138 (LL), G. Brammer/ESO; 138 (UR), ESA/Hubble/Digitized Sky Survey 2/Davide De Martin (ESA/Hubble); 138 (LR), Harvard College Observatory; 139 (UL), Bill Saxton/NRAO/AUI/NSF; 139 (ML), NASA/Hubble/M.E. Putman (University of Colorado)/L. Staveley-Smith (CSIRO)/K.C. Freeman (Australian National University)/B.K. Gibson, David G. Barnes (Swinburne University); 139 (LL), David L. Nidever et al./NRAO/AUI/NSF/LAB Survey/Parkes Observatory/Westerbork Observatory/Arecibo Observatory; 140 (LL), H335H_glass_0670_27_wm; 140 (UR), GALEX/JPL-Caltech/NASA; 140, ESA/Hubble/Digitized Sky Survey 2/Davide De Martin (ESA/Hubble); 141 (UL), NASA/ESA/T.M. Brown (STScI); 141 (LL), ESA/Herschel/PACS/SPIRE/J. Fritz/U. Gent/XMM-Newton/EPIC/W. Pietsch, MPE; 141 (LR), NASA/ESA/Hubble Heritage Team (STScI/AURA)/R. Gendler; 142 (All), NASA/ESA/Z. Levay/R. van der Marel (STScI)/T. Hallas/A. Mellinger; 143 (UR), T.A. Rector (NRAO/AUI/NSF and NOAO/AURA/NSF)/M. Hanna (NOAO/AURA/NSF); 143 (ML), T.A. Rector (NRAO/AUI/NSF and NOAO/AURA/NSF)/M. Hanna (NOAO/AURA/NSF); 143 (LL), Hui Yang (University of Illinois)/NASA/ESA; 144, NASA/ESA/Hubble Heritage Team (STScI/AURA)/M. Crockett, S. Kaviraj (Oxford University, UK)/R. O'Connell (University of Virginia)/B. Whitmore (STScI)/WFC3 Scientific Oversight Committee; 146 (UL), Hubble Heritage Team (AURA/STScI/NASA/ESA); 146 (ML), NASA/ESA/Y. Izotov (Main Astronomical Observatory, Kyiv, Ukrania)/T. Thuan (University of Virginia); 146 (LL), ESA/Hubble & NASA/Gilles Chapdelaine; 146 (UR), NASA/ESA/Hubble SM4 ERO Team; 146 (LR), NASA/ESA/Hubble Heritage Team (STScI/AURA)/M. West (ESO, Chile); 147 (LL), NASA/JPL-Caltech/K. Gordon (University of Arizona); 147 (LR), NASA/ESA/Hubble Heritage Team (STScI/AURA); 148 (LL), Wendy L. Freedman (Observatories of the Carnegie Institution of Washington)/NASA/ESA; 148-149, NASA/ESA/CXC/SSC/STScI; 149 (UR), NASA/JPL-Caltech/K. Gordon (STScI); 150 (LL), NASA/ESA/S. Beckwith (STScI)/Hubble Heritage Team (STScI/AURA); 150 (UR), NASA/ESA/M. Regan, B. Whitmore (STScI)/R. Chandar (University of Toledo, USA); 150 (LR), Wikimedia Commons; 151 (LL), NASA/JPL-Caltech/CXC/Univ. of Maryland/A.S. Wilson et al./Palomar Observatory/DSS/NRAO/AUI/NSF; 151 (UR), NASA/ESA/A. van der Hoeven; 151 (LR), NASA/ESA/Hubble Heritage Team (STScI/AURA)/R. Gendler/J. GaBany; 152 (LR), ESO/IDA/Danish 1.5 m/R. Gendler/J-E. Ovaldsen/C. Thöne/C. Feron; 152-153, NASA/ESA/Hubble Heritage Team (STScI/AURA); 153 (UR), ESO/P. Grosbøl; 154 (UL/UR), NASA/ESA/Hubble Heritage Team (STScI/AURA); 154 (LL), ESO/R. Gendler; 154 (LR), NASA/ESA/Hubble Heritage Team (STScI/AURA); 155 (UL), ESA/Hubble/NASA/Nick Rose; 155 (ML), NASA/ESA/Hubble Heritage Team (STScI/AURA)/William Blair (JHU); 155 (LL), NASA/ESA/Hubble Heritage Team (STScI/AURA); 155 (UR), NASA/ESA; 155 (MR), NASA/ESA; 155 (LR), NASA/ESA; 156 (UR), Robert Gendler; 156 (LR), CEA-Irfu/SAp-AIM; 157, ESA/Hubble & NASA; 157 (LR), ALMA (ESO/NAOJ/NRAO)/NASA/ESA/Hubble Space Telescope; 158, NASA/ESA/Hubble Heritage Team (STScI/AURA)/A. Evans (University of Virginia, Charlottesville/NRAO/Stony Brook University)/K. Noll (STScI)/J. Westphal (Caltech); 159, NASA/ESA/H. Ford (JHU)/G. Illingworth (UCSC/LO)/M.Clampin, G. Hartig (STScI)/ACS Science Team; 159 (Stills), Joshua Barnes (University of Hawaii); 160 (LL), Josh Marvil (NM Tech/NRAO)/Bill Saxton (NRAO/AUI/NSF)/NASA; 160 (LR), NASA/JPL-Caltech/STScI/CXC/UofA; 161 (UR), NASA/JPL-Caltech; 161 (ML), ESA/Hubble & NASA/Judy Schmidt; 161 (LL), NASA/ESA; 162 (UL), NASA/ESA/Hubble Heritage Team (STScI/AURA); 162 (ML), NASA/ESA/Hubble Heritage Team (STScI/AURA)/P. Cote (Herzberg Institute of Astrophysics)/E. Baltz (Stanford University); 162 (LL), NASA/CXC/KIPAC/N. Werner et al./NSF/NRAO/AUI/W. Cotton; 162 (LR), NRAO/F.N. Owen; 163 (UL), NASA/JPL-Caltech; 163 (ML), Svend and Carl Freytag/Adam Block/NOAO/AURA/NSF; 163 (LL), Swinburne Astronomy Productions; 163 (LR), NASA/JPL-Caltech; 164 (LL), NASA/JPL-Caltech/J. Keene (SSC/Caltech); 164 (UR), ESO; 164-165, NASA/ESA/Hubble Heritage Team (STScI/AURA)/R. O'Connell (University of Virginia)/WFC3 Scientific Oversight Committee; 165 (UR), NASA/CXC/U. Birmingham/M.Burke et al.; 165 (LR), ESO/WFI/MPIfR/ESO/APEX/A.Weiss et al./NASA/CXC/CfA/R.Kraft et al.; 166 (LL), ESO/M. Kornmesser; 166 (UR), ESA/Hubble & NASA; 166 (MR), MERLIN; 166 (LR), ESO/M. Kornmesser; 167 (UL/UR), NASA/ESA/M. Kornmesser/CANDELS team (H. Ferguson); 167 (LR), NASA/ESA/A. Koekemoer (STScI)/J. Trump, S. Faber (University of California, Santa Cruz)/CANDELS Team; 168 (LL), NASA Goddard Space Flight Center; 169 (UL), NRAO; 169 (Andromeda), NASA/JPL-Caltech/CfA; 169 (VIRGO), VIRGO/NIKHEF; 169 (Boomerang), ESO/ALMA; 169 (LL), NASA/JPL-Caltech; 169 (UR), NRAO; 169 (LR), ESO/APEX/DSS2/SuperCosmos; 170, NASA/ESA/J. Lotz/M. Mountain/A. Koekemoer/HFF Team (STScI); 172 (UR), Rogelio Bernal Andreo (DeepSkyColors.com); 172 (LL), NASA/ESA; 172 (LR), Chris Mihos (Case Western Reserve University)/ESO; 173 (UL/LL), Andrew Z. Colvin/Wikimedia Commons; 174 (UR), ESA/Hubble & NASA/D. Carter (LJMU)/Nick Rose; 174 (LL), NASA/JPL-Caltech/GSFC/SDSS; 174-175, NASA/ESA/Hubble Heritage Team (STScI/AURA)/K. Cook (Lawrence Livermore National Laboratory); 175 (UR), Andrew Z. Colvin/Wikimedia Commons; 175 (LL), ESO; 175 (LR), Dan Long (Apache Point Observatory); 176 (UL), University of Chicago; 176 (LL/LR), Virgo Collaboration/Millennium Simulation; 177 (LL), NASA/WMAP Science Team; 178 (UL), NASA/ESA/Johan Richard (Caltech, USA)/Davide de Martin, James Long (ESA/Hubble); 178 (ML), ESA/Hubble & NASA; 178 (LL), NASA/ESA/J. Rigby (NASA Goddard Space Flight Center)/K. Sharon (Kavli Institute for Cosmological Physics, University of Chicago)/M. Gladders, E. Wuyts (University of Chicago); 178 (LR), Dana Berry; 179 (LL), NASA/CXC/M.Markevitch et al./STScI/Magellan/U.Arizona/D. Clowe et al./ESO-WFI; 179 (LR/Abell 520), NASA/ESA/CFHT/CXO/M.J. Jee (University of California, Davis)/A. Mahdavi (San Francisco State

University); 179 (LR/Abell 1689), NASA/ESA/D. Coe (NASA/JPL-Caltech/STScI)/N. Benítez (Institute of Astrophysics of Andalucía, Spain)/T. Broadhurst (University of the Basque Country, Spain)/H. Ford (Johns Hopkins University, USA); 180, NASA/ESA/S. Beckwith (STScI)/HUDF Team; 182, National Portrait Gallery/Wikimedia Commons; 183 (UR), S. Colombi (IAP); 183 (LL), Oren Jack Turner/Wikimedia Commons; 184 (UL), Dana Berry; 184 (ML), LIGO; 184 (LL), NASA; 184 (LR), EADS Astrium; 185 (UR), Carnegie Observatories; 185 (MR), E.P. Hubble/PNAS; 185 (LR), Dana Berry; 186 (UL), NASA; 186 (MR), ESO; 186 (LL), ESO/Y. Beletsky; 187 (UL), NASA/ESA; 187 (LL), NASA/Northrop Grumman; 188 (LL), ESA/Hubble & NASA; 188 (LR), NASA/ESA/Hubble SM4 ERO Team; 189 (UL), Scienceblogs.com; 189 (MR), Catholic University Leuven; 189 (LL), ESA/NASA; 190 (LL), ESA/Planck Collaboration; 190 (LR), NASA; 191 (UR), Bell Laboratories; 191 (UL/LL), ESA; 191 (LR), NASA/Kennedy Space Flight Center; 192, ESA; 192-193, NASA/CXC/M. Weiss; 193 (ML), Hans Hillewaert/Wikimedia Commons; 193 (LL), Paul Harrison/Wikimedia Commons; 194 (UL), NASA/ESA/ESO/CXC/D. Coe (STScI)/J. Merten (Heidelberg/Bologna); 194 (LL), Ken Crawford (Rancho Del Sol Observatory); 195 (UR), NASA/ESA/M. J. Jee, H. Ford (Johns Hopkins University); 195, NASA/CXC/ MSSL/R.Soria et al./AURA/Gemini Observatories; 196 (UL), NASA/ESA/A. Riess (STScI/JHU)/S. Rodney (JHU); 196 (LL), NASA/ESA/A. Riess (STScI/JHU)/D. Jones, S. Rodney (JHU); 196 (UR/LR), ESO; 197 (UL), NASA/ESA/S. Beckwith (STScI)/HUDF Team; 197 (UR/LR), P. Garnavich (CfA)/NASA; 198 (LL), Ittiz; 198 (UR), ESO/L. Calçada; 198 (LR), NASA/ESA/K. Retherford/SWRI; 198 (I), ALMA (ESO/NAOJ/NRAO)/L. Calçada (ESO); 199 (ML), Satellite Imaging Corporation; 199 (LL), NASA; 199 (LR), SETI Institute; 200, ESA/Wolfram Freudling (ST-ECF/ESO)